· 语 文 阅 读 推 荐 丛 书 ·

寂静的春天

[美] 蕾切尔·卡森／著　张雪华 黎颖／译

U0211111

人民文学出版社

图书在版编目（CIP）数据

寂静的春天/（美）蕾切尔·卡森著；张雪华，黎颖译. —北京：人民文学出版社，2020（2023.6重印）
（语文阅读推荐丛书）
ISBN 978-7-02-016380-9

Ⅰ.①寂… Ⅱ.①蕾… ②黎… ③张… Ⅲ.①环境保护—青少年读物 Ⅳ.①X-49

中国版本图书馆 CIP 数据核字（2020）第 138759 号

责任编辑　廉　萍　周方舟
装帧设计　李思安　崔欣晔
责任校对　刘晓强
责任印制　王重艺

出版发行　人民文学出版社
社　　址　北京市朝内大街 166 号
邮政编码　100705

印　　刷　三河市延风印装有限公司
经　　销　全国新华书店等

字　　数　178 千字
开　　本　650 毫米×920 毫米　1/16
印　　张　15.25　插页 1
印　　数　132001—142000
版　　次　2020 年 7 月北京第 1 版
印　　次　2023 年 6 月第 13 次印刷

书　　号　978-7-02-016380-9
定　　价　32.00 元

如有印装质量问题,请与本社图书销售中心调换。电话:010-65233595

出 版 说 明

从 2017 年 9 月开始,在国家统一部署下,全国中小学陆续启用了教育部统编语文教科书。统编语文教科书加强了中国优秀传统文化教育、革命传统教育以及社会主义先进文化教育的内容,更加注重立德树人,鼓励学生通过大量阅读提升语文素养、涵养人文精神。人民文学出版社是新中国成立最早的大型文学专业出版机构,长期坚持以传播优秀文化为己任,立足经典,注重创新,在中外文学出版方面积累了丰厚的资源。为配合国家部署,充分发挥自身优势,为广大学生课外阅读提供服务,我社在总结以往经验的基础上,邀请专家名师,经过认真讨论、深入调研,推出了这套"语文阅读推荐丛书"。丛书收入图书百余种,绝大部分都是中小学语文课程标准和统编语文教科书推荐阅读书目,并根据阅读需要有所拓展,基本涵盖了古今中外主要的文学经典,完全能满足学生成长过程中的阅读需要,对增强孩子的语文能力,提升写作水平,都有帮助。本丛书依据的都是我社多年积累的优秀版本,品种齐全,编校精良。每书的卷首配导读文字,介绍作者生平、写作背景、作品成就与特点;卷末附知识链接,提示知识要点。

在丛书编辑出版过程中,统编语文教科书总主编温儒敏教授,给予了"去课程化"和帮助学生建立"阅读契约"的指导性意见,即尊重孩子的个性化阅读感受,引导他们把阅读变成一种兴趣。所以本丛书严格保证作品内容的完整性和结构的连续性,既不随意删改作品内容,也不破坏作品结构,随文安插干扰阅读的多余元素。相信这套丛书会成为广大中小学生的良师益友和家庭必备藏书。

人民文学出版社编辑部
2018 年 3 月

目　次

导　读

　　《寂静的春天》初版于 1962 年[①]，它催生了世界环保运动和环境政策的发展，被普遍誉为唤醒公众环境意识的启蒙之作。作为一部经典的环保著作，作者除了大量引用科学研究文献体现其科学性，也用了激情震撼如诗歌一般的文学修辞手法，旨在唤醒公众关注，警惕滥用杀虫剂、除草剂等化学品对野生动植物、生态系统和人体健康带来的危害，呼吁人们思考人与自然的关系。

　　半个多世纪过去了，越来越多的科学家、决策者和公众接受并肯定了此书的价值，连出于担心自身行业利益受损而竭力反对甚至诋毁此书的美国化学界也最终转变态度，于 2012 年将其列为"国家化学史上的里程碑"。即便如此，围绕此书的争议始终未曾消散，这与作者融科学的理性和文学的感性为一体的独特写作方式有很大关系，这样的科普写作在 20 世纪 60 年代是不多见的，其经久不衰的影响力佐证了这种写作方式在传播理念和唤醒公众意识方面的巨大成功。

　　作者蕾切尔·卡森兼备科学素养和写作技能，在写作《寂静的春天》之前出版过两部有关海洋生物的畅销科普书籍，这在当

---

　　① 本书据霍顿·米夫林出版公司 2002 年版译出。

时的科学家和作家里面都是极为罕见的。卡森从小受母亲激励，很早就展露出极高的写作天赋，自十一岁起就开始斩获各种写作奖项。1925 年进入大学，主修写作专业，在求学过程中对生物学产生了浓厚的兴趣，转而攻读，获得荣誉学士学位，随后被霍普金斯大学录取，于 1932 年获得动物学硕士。毕业几年后，就职于美国鱼类及野生动植物管理局，担任野外科学家和科学编辑，是该局聘用的第二个职业女科学家，这份职业让卡森对科技发展如何影响生态系统、政府相关政策等方面有了深入的了解，促使她更为关注人与自然的关系。1951 年出版发行的《环绕我们的海洋》获得了巨大成功，第一年就销售二十五万册，随后获得了国家图书奖，由此卡森以一个科普作家的身份而广为人知。

卡森的主要论点是以科学为依据的。围绕农药、杀虫剂和其他有害现代化学品，卡森花了整整四年时间，收集和查阅了大量数据和文献资料。该书结尾有一份长达几十页的"主要资料清单"，包括几十份科学报告、作者对各领域领先专家的采访记录以及相关的各种学术论文。从一个学者角度来看，这份清单不仅显示出卡森写作所采纳的资料几乎穷尽了当时能够搜索到的有关化学药品危害的科学研究成果，也说明其时已经有不少科学家意识到化学药品的危害并为此展开了一些初步研究。对卡森的合理批评主要是针对她利用文献呈现研究结果的方式，有人指责她引用信息有偏颇，只选择支持她论点的数据和信息。

此书一出版便引起了科学界的强烈关注。其中最有影响力的当属威斯康星大学农业细菌学家鲍德温教授，他当时还兼任美国国家科学院下属害虫控制和野生动物关系委员会的主席。鲍德温教授第一时间在《科学》杂志上发表了题为《化学品和害虫》的书评，肯定了本书价值，同时指出卡森过分强调杀虫剂（DDT 为主）对人体和野生生物的危害而没有提及杀虫剂带给人类社会的多种福利。例如 DDT 最早是用于防治伤寒、疟疾和其他由昆虫传播的疾病，在第二次世界大战中挽救了无数生命，随后一直被发展中国家和地区用于防治伤寒。在书评的末尾，鲍德温教授建议《寂静的春天》的读者同时阅读美国国家科学院出版的一个系列丛书，专门分析害虫控制、食品生产和野生生物相关性的科学研究报告，以期读者能够获得比较全面的认识。这份业内知名专家的建议从侧面显示科学界非常重视本书的科普性，几乎是按照科学著作的标准，要求卡森全面展现书中涉及的化学品的优缺点。

最激烈的批评来自与杀虫剂等化学品相关的科研和企业界，这些正是卡森勇于挑战的利益集团。美国化学会的旗舰期刊在 1962 年 10 月组织发表了一个题为"沉默，卡森小姐"的书评专辑，结论是此书不值一提。事实上，此书不仅持续广受关注，而且慢慢引发了化学领域的自省与变革，化学学科近年来出现了"绿色化学"的理念，致力于在化学产品和生产工艺的设计、开发和实施中，减少或消除对人体健康和环境有害的物质的使用和产生。基于这样的观念转变，2012 年，在《寂静的春天》出版五十周年之际，美国化学会将其选入学会的国家历史性化学里程碑项目，表彰卡森在促进化学行业绿色化和可持续发展方面的开创性意义和历史性贡献。

20 世纪 60 年代，是人与自然分割、公众普遍相信人类使命就是征服自然的时代，卡森通过展示自然界是一个相互关联与互相依靠的体系、人类是这个关联网的一部分、破坏关联网的内在完整性最终将给人类自身带来危害等系统理念，成功地唤起了公众的关注。这不仅仅因为她是一位训练有素的科学家，更因为她是一位非常优秀的作家。全书以一个寓言开头，初看有些突兀，不像科学论文或科学教科书惯有的模式，但这是一个有效的文学载体，抒情式的描述,情绪强烈的韵律,诗一般的语言,给人很强的画面感,即刻抓牢注意力,吸引读者继续读下去。

这种手法贯穿全书几乎所有章节,从"死神的药剂""土壤的王国""地球的绿衣""鸟儿不再歌唱""大自然的报复"等章节标题可窥一斑。每一章的开头,卡森都给读者勾画了一幅生动形象的画面,然后再进入复杂略显枯燥的科学事实和分析。比如《土壤的王国》,卡森是这样开始的:

> 某种程度上,土壤是生命体创造的,是亿万年前生命体和非生命体相互作用的神奇产物。当火山喷发出炙热的熔岩,当河水流经陆地表面冲刷着最坚固的花岗岩,当冰霜刻蚀粉碎岩石,土壤母质得以聚集在一起。然后生物开始施展创造性魔法,逐渐将这些毫无生机的物质变成土壤。(第五章)

这样的描述几乎让人忘记这一章讨论的就是土,卡森笔下的土壤充满生机,当读者读到后面农药如何破坏土壤时,自然容易产生共情共鸣。

卡森毫不掩饰自己对杀虫剂危害的强烈情绪,采用了许多充满情绪感染力的修辞,如"邪恶""险恶""痛苦""死亡""致命""垂死""毒药"等。对一本原著不足二百五十页的作品来说,卡森警醒世人的意图不可谓不强烈,后来有学者将这种写作方式称为"环境灾难式"风格,通过略显夸张的手法激发公众关注,旨在推动公共政策改变。但很多抨击本书的人认为,这样充满文学性的用词缺乏科学著作应有的理性、客观、中立。

> 在这样一种生灵涂炭的行动中保持沉默,我们之中还有谁不枉为一个人?(第七章)

这样的问题,有人会认为太感性化,有人会觉得这种哲学性的问题不容回避,也有人认为只有这样措辞才能引起人们的关注,但在卡森眼里,任何一种生命都是平等的,都有它们存在的内在意义,"是否有一种文明,它能够对其他生命发动残酷战争,既不毁灭自己,也不会丧失被称为'文明'的权利?"(第七章)是对人类文明内涵和外延的一个终极拷问。

总而言之,《寂静的春天》不是一部全面评估杀虫剂等化学品造福和危害自然和人类的著作,贯穿全书的基调更像一个诉讼案子里原告律师充满激情地控诉化学品的危害以期唤醒公众。从这个角度来看,卡森没有详细描述化学品如何造福于人类,有选择地使用支持她论点的数据和信息,是合理的,其结果也是非常有效的。卡森不是第一个发现滥用杀虫剂危害的人,但她是第一个将各种相关信息汇总并以科学手法和富有感染力的文学修辞手段呈现出来的科普作家。

21 世纪人类生产生活所带来的环境污染和生态破坏已经影响到远离人类、无人居住的南极大陆,卡森所担忧的人类中心时代正在变成残酷的事实。在这样的历史和现实背景下,期待重温《寂静的春天》能加深和拓展我们对人与自然关系的思考,而我们的思考和行动将决定人类和人类文明进程的最终走向。

张雪华

2019 年 10 月 11 日

致阿尔贝特·施韦泽

　　他曾说:"人类已经失去了预见和预防的能力,总有一天,人类将摧毁地球,终结自己。"

湖里的莎草已经枯萎，

没有鸟儿在唱歌。

——济慈

我对人类充满悲观，他们太精于为自己争
取利益。我们对待自然的态度是打击并使之臣
服。如果能够顺应这个星球，欣赏它，不质疑，
不专断，我们将有更好的生存机会。

——E.B.怀特

致　谢

1958 年 1 月,奥尔佳·欧文·赫金斯给我来信,提及她看到一方天地变得毫无生气的痛苦经历,这立即引起了我的注意。这是我长期关注的问题。我认识到撰写此书的必要性。

之后几年,我得到了许多人的帮助和鼓励,在此无法一一鸣谢。他们就职于美国和其他国家的政府部门、大学和研究机构、各行各业,无偿分享多年的经验和研究成果,慷慨提供时间和思想,我对此致以最深切的感谢。

此外,我特别感谢那些抽时间阅读(本书)部分章节并依据自己专业知识做评论和批评的人,虽然我对本书内容的准确性和有效性负有最终责任,但如果没有这些专家的慷慨帮助,我是无法完成此书的。这些专家是:梅奥诊所的医学博士 L. G. 巴索洛缪,得克萨斯大学的约翰·J. 比塞尔,西安大略大学的 A. W. A. 布朗,康涅狄格州韦斯特波特的医学博士莫顿·S. 比斯金德,荷兰植物保护局的 C. J. 布雷约,罗伯和贝茜·韦尔德野生动物基金会的克拉伦斯·科塔姆,克利夫兰诊所的法律和医学博士小乔治·克莱尔,康涅狄格州诺福克县的弗兰克·伊戈尔,梅奥诊所的医学博士马尔科姆·M. 哈格雷夫斯,国家癌症研究所的医学博士 W. C. 休珀,加拿大渔业研究委员会的 C. J. 克斯威尔,荒野协会的奥洛斯·缪里,加拿大农业部的 A.D.皮克特,伊利诺伊州自然历史调查所的托马斯·G.斯科特,塔夫脱卫生工程中心的克拉伦斯·塔兹韦尔和密歇根州立大学的乔治·J.华莱士。

每一本书都需要大量资料,感谢图书馆员的热心和专业帮助,尤其是内务部图书馆的艾达·K.约翰斯顿和国立卫生研究院图书馆的特尔玛·罗宾逊。

编辑保罗·布鲁克斯欣然调整他的工作计划,来协调因我造成的延迟,数年如一日地支持和鼓励我,还有他卓越的编辑能力,都令我永远感激。

完成这本书需要大量的图书馆研究工作,能干的多萝西·阿尔吉里、珍妮·戴维斯和贝特·黑妮·达夫给我提供了专业协助。写作中不时遇到困难,多亏管家艾达·斯普罗的忠实帮助,任务才得以顺利完成。

最后,我必须感谢许多素未谋面的人,是他们赋予本书价值。这些人最先发声,反对人类轻率、不负责任地毒害自己与其他所有生物共享的这个世界,他们至今仍在从事成千上万的小型战斗,这些斗争将帮助我们与周围世界和谐相处,最终取得理智和常识的胜利。

蕾切尔·卡森

作者备注:

　　我不希望用脚注给文本增加负担,但我意识到许多读者希望继续讨论某些话题。因此,我在书末加上了附录,列出主要信息来源,按章节和页码排列。①

——R.C.

---

①　按:原书附录的参考文献长达 55 页,考虑到本书读者大都非专业研究人士,同时为减轻购买者负担,出版时附录从略。

第一章　明日的寓言

在一个美国中部小镇，生灵与环境相处和谐。小镇上的农庄，棋盘般排列规整，田间地头，作物生气勃勃，果树长满山坡。春天，繁花盛开在绿色原野上，如云儿朵朵；到了秋天，橡树、枫树和桦树，在松林里像火焰般闪耀，光彩夺目。狐狸在山里吟叫，小鹿静静穿过田野，在秋天的晨雾里若隐若现。

小路两边，月桂、荚蒾、赤杨、野花，各种繁茂的蕨类植物交相辉映，一年四季都令人心旷神怡。即便到了冬天，路边也风景迷人，小鸟纷纷在小路边驻足，啄食雪中露出的浆果和枯草的穗头。这里的乡间，鸟类数目繁多，种类丰富，闻名遐迩。春秋两季，成群的候鸟迁徙路过此地，远近的人们纷纷赶来观赏。溪水自山上潺潺流下，干净清洌，途中阴凉的小池塘是鳟鱼产卵的好去处，为垂钓者所喜爱。这种场景，从第一批居民建房挖井、修建粮仓时就有了，多年未变。

然而，一场诡异的灾难悄悄降临，一切都开始变了。村落像是受到了诅咒，处处是死神的阴影：不明原因的疾病在鸡群里蔓延，牛羊染病而死。农夫们常常谈起家人的诸多病痛，镇上不断出现新病症，大夫对此束手无策。有些原因不明的猝死病例，死者既有大人也有小孩，有些孩子在玩耍时突然染病，几小时之后就死了。

周遭出奇的静默。鸟儿都去哪里了呢？人们说到小鸟就困惑不安，后院的喂鸟处已经荒废，目光所及的鸟儿奄奄一息，浑身战栗，飞不起来。这是一个死寂的春天。曾几何时，知更鸟、猫鹊、鸽子、松鸦、鹪鹩，其他不知名的小鸟，一起在清晨合唱，回音久久不去，如今却了无声息，田野、树林、沼泽，到处一片静寂。

农场里，母鸡依旧还在抱窝，却孵不出小鸡。农夫们抱怨无法养猪，新生猪崽个头太小，活不了几天。苹果树的花正在盛开，却听不见蜜蜂的嗡鸣，没有蜜蜂授粉，自然无法结果。

一度赏心悦目的小路两旁，随处可见枯干焦黄的植物，仿佛刚刚被火舌舔过。这里一片死寂，了无生机，连溪流也失去了生气，鱼儿已经绝迹，垂钓者不再光临。

屋檐下的排水管里，房顶上的瓦片之间，依然可见斑驳成片的白色粉粒。几周前，屋顶、草坪、田地和小河上，到处都是这样的粉粒，如雪花一般。

这个世界病了，万物无法获得新生，而始作俑者既不是巫术，也不是敌人，是人们自己。

现实中并不存在这样一个小镇，但在美国或世界的其他地方，却能轻易找到一千个类似的小镇。据我所知，还没有一个社区经历过所有这些灾难，但其中每一种灾祸都在某处实实在在地发生过，不少现实中的社区都经历过这些情形中的很多种。恶毒的幽灵正悄悄向我们逼近，原以为只存在于想象中的悲剧，很可能变成严峻的现实。

是什么让无数美国城镇的春天变得寂静无声呢？本书尝试给出答案。

第二章　无奈的承受

　　地球生命的发展史,也是生物和环境相互作用的历史。环境塑造了动植物的形态和习性;地球存在的漫长时间里,生命体改造环境的反作用相对微小。也就是到了 20 世纪,在短短的一瞬间,人类这个物种才拥有了改变自然的强大能力。

　　过去二十五年里,人类改变自然的能力不仅增长到一个令人不安的量级,也发生了质的变化。致命的危险物质污染了空气、土壤、江河和海洋,人类造成的这些最严重的环境危害几乎无法挽回。这些污染会在生物体内及其生存环境里引发恶性连锁反应,其影响基本不可逆转。无所不在的环境污染中,化学药品和辐射同样有害,改变着自然界和生命的本质,却鲜为人知。核爆炸会向大气释放锶 90,随雨水和浮尘沉降到地面,滞留在土壤里,然后渗入草木、玉米或麦子,最后沉积在人体骨骼里,直至生命终结。农田、森林、花园中喷洒的化学制品也会长期滞留在土壤里,继而侵入生命机体,而后通过一系列中毒和死亡连锁反应在生物间传递。有时化学制品会随着地下水流动神秘迁移,待重新流出地表时,则会在空气和阳光的作用下生成新物质,致使植物凋亡、家禽患病、井水染毒。人们饮用井水而中毒,却不明所以,就像阿尔贝特·施韦泽所说的:“人类无法辨认自己创造出来的恶魔。”

地球经过亿万年的时间才形成了今天成千上万种生命。漫长岁月里,生命不断发展、演化、形成多样性,在环境中不断调整趋于平衡状态。环境中有益和有害的因素并存,引导滋养着生命也严格塑造着生命。有的岩石会释放危险射线,太阳光给予万物能量的同时也含有有害的短波射线。只要赋予时间足够长,不是几年而是数千年,生命会自我调整、适应从而达到平衡。时间因素在这个过程中最为关键,现代社会却给不了这么久的时间。

急遽的变化和应接不暇的新状况,并非自然界仔细斟酌的结果,而是浮躁鲁莽的人类造成的。今天的辐射危害,包括了人类干预原子制造出来的非自然辐射,远远不止亘古有之的岩石基底辐射、宇宙射线轰炸和太阳紫外线。生命体必须适应的化学物质不仅限于江河从岩石上冲刷入海的钙、硅、铜及其他矿物质,还包括人类实验室创造发明的众多人工化合物,它们在自然界里并没有对应物。

生命体要适应这些人造化合物不止几十年,而是需要几代人的时间。但若非奇迹出现,即便适应了也无济于事,因为我们的实验室正源源不断地制造新型化学制品,仅美国每年投入使用的新增化合物就有近五百种。这个数字惊人,含义却不够直观,这意味着人和动物体每年要适应五百种新的化学物质,而且是完全超出生物体验极限的五百种化合物。

这些化学制品中,许多是人类用来对付自然的。20 世纪 40年代中期以来,为了灭除昆虫、野草、啮齿动物和其他一些现代人俗称的"害虫",人类制造了二百多种基本化学药品,以几千种不同品牌进行销售。

现在几乎所有的农场、果园、森林和家庭都会使用这些喷雾剂、干粉剂或气雾剂。人们本想去除少量杂草和某些虫子,结果却杀灭了所有的昆虫,益虫和害虫都难逃一死;这些化学药品使鸟儿停止欢唱，鱼儿不再戏水，给树叶涂上致死的毒膜，在土壤里长期滞留。地球表面披上了这层毒壳，叫人怎么相信生命不会受害？这些化学制品不仅是杀虫剂，还是"杀生剂"！

喷洒农药是一个无尽头的螺旋式上升过程。自 DDT 投入民用开始，人们所需农药的毒性不断升级。这是因为昆虫会进化成具有抗药性的超级物种，人类不得不制造杀伤力更强的杀虫剂，不断研发下一种更致命的化学药品，这也证实了达尔文的"适者生存"理论；另一方面，害虫常常出现"死灰复燃"的现象，农药喷洒后数目反而增多（产生这一现象的原因下文会解释）。这样一来，所有生物都在猛烈的战火中遭殃，这场农药大战没有赢家。

化学药品对人类生存环境的严重污染，已经成为这个时代的核心危机。正如核战争会导致人类灭绝，化学药品沉积在动植物组织内，甚至渗入生殖细胞破坏或改变遗传物质，也改写着物种的未来。

有些人梦想成为"人类未来的设计师"，憧憬着有一天能依照"设计"改变人类种质（遗传物质），但我们今天的鲁莽行事或许已经改变了人类，很多化学药剂和辐射一样能引起基因突变。人类竟然因为选择杀虫剂这种小事左右了自己的未来，真是莫大的讽刺。

冒如此大风险，所为何来？未来的历史学家可能难以理解我们判断利弊的扭曲能力：因为想去掉某些物种，就污染整个环境，给人类本身带来疾病和死亡的威胁，聪明的人类怎么会这么做？但这确系我们人类所为！何况，这样做的理由根本站不住脚：我们被告知，大量施用杀虫剂是为了维持农场产量。实际上，真正的难题是"**农产品过剩**"。我们给农夫发放补贴让他们休耕，多方努力缩减农作物面积，而生产过剩现象却依然惊人。仅 1962 年，美国纳税人就耗费十亿多美元用以存贮过剩粮食。1958 年，农业部下属的一个部门正设法减少农作物产量,另一个部门却宣称:"我们一致认为,《土地银行休耕法案》造成的耕地面积减少,将刺激人们使用农药以提高剩余耕地的最高产量。"这些显然无助于改善现状。

这些并非意味着没有害虫或没有防治必要。我想表达的是,昆虫防治一定要立足现实而不能基于臆想,采取的措施绝对不能危及人类。

我们试图解决问题,却一开始就引发一系列灾难,这在现代生活中似乎已成定势。早在人类出现之前,昆虫就生活在地球上,它们种属丰富,善于适应环境。随着人类出现,五十多万种昆虫中,只有一小部分和人类发生了利害冲突,主要是争夺人类食物,传播人类疾病。

在人口密集,尤其是卫生状况恶劣的地区(如自然灾害、战争期间或赤贫地区),昆虫携带病菌是严重问题。这种情况下,一定程度的害虫防治很有必要。但我们也已经清楚地知道,大规模化学防治对卫生条件的改善非常有限,还有可能导致情况进一步恶化。

原始农耕时代,农夫很少遇到虫害问题。随着集约化农业的形成,人们大面积种植单一作物,虫害开始出现。这一种植方式助长了特定昆虫的爆炸性增长。种植单一农作物并不符合自然规律,是农业工程师构想出来的农作方式。大自然赋予大地纷繁景象,人类却热衷于化繁为简,毁掉了自然界固有的物种制衡方法。限制物种的栖息范围是自然界一个重要的制约方式。所以很明显,仅种麦子的农田里,以小麦为食的一种昆虫繁殖得很快,如果田里混种昆虫不适应的其他谷物,这种昆虫的繁殖速度会慢得多。

类似情况时常发生。数十年以前,美国很多繁华市镇的街道两旁都栽着高大气派的榆树。现在甲虫传播的病害正横扫所有榆树，人们满怀希望建设的美丽景观眼看就要荡然无存。如果当初将榆树间种于其他树种里，这类甲虫大量繁殖和蔓延的机会则相当有限。

引发现代虫患的另一个因素必须放在地质变迁和人类历史大背景下考察，涉及数千种不同生物离开原来生活的地方、入侵新领地。英国生态学家查尔斯·埃尔顿对物种全球范围内迁徙进行过研究，他的近作《入侵生态学》对此有生动描述。几百万年以前的白垩纪时期，肆虐的海洋切断了陆地之间的陆桥，许多生物被限制在埃尔顿所指的"相互隔离的巨大自然保护区"里。同类生物相互隔绝，各自发展出新的种属。大约一千五百万年前，大陆板块重新连通，这些物种开始往新地方迁移，这一迁徙到今天仍在继续，人类对此发挥了很大作用。

动物几乎永远随植物迁移，而新兴的动植物检疫尚未产生明显的遏制效果，因此当下物种传播的主要媒介仍然是进口植物。仅美国植物引进局就从世界各地引入了大约二十万种植物。美国近一百八十种主要植物害虫中，近一半是从国外意外引入，其中大部分像搭便车旅行者一样，由进口植物携带入境。

在新的土地上，侵略性动物或植物远离了抑制增长的自然天敌，繁衍异常迅速。外来物种毫无意外地成为最难对付的昆虫。

无论是自然发生还是人为造成的物种入侵，都将持续下去，耗资巨大的检疫手段和大规模化学防治只能暂时抑制。埃尔顿博士认为，我们面对的是"一场生死攸关的考验，不仅需要寻求压制某种动物或植物的新技术手段"，而且要掌握动物种群的基本知识以及它们与周围环境的关系，才能"促成稳定平衡状态，防止虫害大规模爆发，阻止新物种入侵"。

这些基础知识已经随处可得，却被束之高阁。我们的大学培养生态学者,政府机关聘用不少生态学专家,但很少采纳他们的建议。我们仿佛别无他法,只能听任致命化学药剂像雨水般浇落。事实上好办法不少,只要有机会,我们的聪明才智会很快找到更多良方。

我们面对低劣有害的东西束手无策,仿佛失去了争取美好事物的眼界和意志,是我们糊涂了吗?用生态学家保罗·斯帕特的话来说,这种想法是"美化我们糟糕的生活,环境的崩坏让人忍无可忍,我们却只满足于把头伸出水面暂做喘息。我们为什么会容忍食物微量含毒?为什么周围已了无生气我们还要安家?为什么只要不是敌人我们就要维持交情?为什么马达声还没有把我们逼疯我们就该忍耐?我们仍然甘愿生活在这个世界里,只是因为它还没有完全毁灭吗?"

实际上,濒临毁灭的世界正在向我们逼近。用化学手段建立一个无细菌无昆虫世界的想法,像十字军运动一样,激发了许多专家和所谓防治部门的巨大热情。然而,各方面的证据表明实施喷药的人员滥用权力。康涅狄格州昆虫学家尼勒·特诺说:"监管部门的昆虫学家为了推行自己的命令,集公诉人、法官、陪审员、估税员、收税员和警察官的职能于一身。"无论是州或联邦一级的部门,滥用职权的恶劣行为都没有得到监管。

我不是主张完全禁用化学杀虫剂。我想说明的是,公众完全不了解其潜在毒害,我们随意将具有生化危害的有毒化学药剂交给他们。未征得公众同意,便令大批人口接触有毒物质,而受害者甚至毫不知情。如果智慧、远见的国父能预见今天这种问题,《民权法案》肯定会有条款保障公民免受私人或公职人员喷洒的致死毒药危害。

我还要强调的是:我们几乎完全没有调研这些化学药物对土壤、水、野生动植物和人类自身的影响,便准许其投入使用。人类未经通盘考虑便如此对待滋养万物的大自然,恐怕很难得到子孙后代的谅解。

我们对这种威胁的性质了解十分有限。这是一个推崇专家的时代,专家们却只关注自己的领域,看不到或者不愿意看到这个威胁的影响范围有多大。这又是一个工业至上的时代,很少有人质疑不惜代价赚钱有什么不对。公众发现杀虫剂有明显危害而发起抗议,得到的却只是息事宁人、真假参半的回应。我们必须马上终结这种虚假的保证,终结用糖衣掩盖可怕事实的企图。防控工作人员只是估算风险,被迫承受风险的却是广大民众。应该由公众来决定是否继续现有做法,而做出这个决定必须事先掌握足够的事实。正如珍·路斯坦德所言:“既然我们必须承受,我们就必须拥有知情权。”

第三章 死神的药剂

　　每个人从母体孕育开始直到死亡,都必然会接触到危险的化学药物,这是人类历史上的新现象。合成杀虫剂使用不到二十年,就已经无处不在,遍布有生命和无生命的自然界。大部分重要水系,包括地表不可见的地下水潜流,都已经检测到了这些化合物。十几年前施用过化学药物的土壤,直到今天仍有残留。科学家很难找到未受污染的动物做实验,在鱼类、鸟类、爬行动物以及家畜和野生动物体内,广泛存在这些化学药物的残留。偏远山地湖泊里的鱼类,泥土里蠕行钻洞的蚯蚓,鸟蛋里,人类自己体内,概莫能外。现在无论老幼,绝大多数人体内都有这些化学药物的残留,母亲的乳汁里也有发现,甚至未出生婴儿的细胞组织里也有可能存在。

　　这种现象的出现,要归咎于生产具备杀虫功效的人造化合物产业的崛起和快速发展。该产业是第二次世界大战的产物。随着化学战争的发展,人们发现实验室研发的某些化合物能有效杀灭昆虫。这一发现并非偶然,昆虫作为人类的替代品,一直被广泛用于测试化学药物对人类的杀伤力。

　　这一发现导致合成杀虫剂源源不断出现。这些杀虫剂是人造产物,由实验室巧妙操控分子群而产生,或替换原子,或改变它们的组合方式，因此与二战前简单的杀虫剂大不相同。以前的杀虫剂从天然矿物和植物生成物提炼，比如砷、铜、铝、锰、锌及其他矿物的化合物，比如除虫菊来自干菊花，尼古丁硫酸盐来自烟草的某些同属，鱼藤酮来自东印度群岛的豆科植物。

新的合成杀虫剂具有惊人的生物效能，与以前的产品迥然不同。这种强大的生物效力不仅毒害生物，还介入生物体内最关键的生理过程，引起恶性变化，有时是致命的。因此，就像我们将看到的一样，它们会破坏保护身体免于受害的酶，阻断体内借以获得能量的氧化过程，妨碍各器官的正常运转，还会触发特定细胞产生缓慢却不可逆的变化，导致恶性病变。

尽管如此，每年都有杀伤力更强的化学药物问世，发明出新的用途，全球范围内都在接触这些化学药物。在美国，合成杀虫剂的产量从 1947 年的 124259000 磅[①]猛增到 1960 年的 637666000 磅，增长了四倍多，批发总额远远超过 2.5 亿美元。但就该行业的产业规划和愿景来说，如此庞大的产量仅仅是一个开端。

因此，一个"杀虫剂名录"是我们每个人都应该关注的。如果我们注定要和这些化学药物亲密接触——通过吃喝进入我们的骨髓——那我们最好了解它们的属性和威力。

第二次世界大战标志着杀虫剂由无机化合物转入奇妙的有机世界，但有几种旧原料至今仍在使用。其中主要是砷，多种除草剂、杀虫剂的基本成分。砷是一种高毒性矿物质，广泛存在于各种金属矿石里，火山、海洋、泉水里也有微量。砷与人类的关系形式多样，历史悠久。远自波吉亚家族时代之前，直到当今，砷都是谋杀的常用物质，因为砷化合物大多无味。将近两世纪之前，一位英国医师确认烟囱烟灰里含的砷和某种芳香烃能够致癌。长期以来，

---

① 译注：1 磅约等于 0.454 千克。

群体慢性砷中毒的事件时有记载,砷污染的环境会引发马、牛、羊、猪、鹿、鱼、蜂这些动物生病和死亡。尽管如此,人们仍在广泛使用含砷的喷雾剂、干粉剂。美国南部施用过含砷喷雾剂的产棉区,养蜂业几乎绝迹。长期使用砷粉剂的农民饱受慢性中毒的折磨,含砷的庄稼喷剂和除草剂会毒害牲畜。蓝莓地里的砷粉尘飘散到邻近的农场,污染水流,毒死蜜蜂和奶牛,人们中毒病倒。美国国家癌症研究所环境致癌方面的权威 W. C. 休珀博士指出:"……我国近年来在处理含砷物质时极度漠视公众健康,无人能出其右。任何见过干粉洒播或药雾喷洒含砷杀虫剂的人,都会对毒剂施用过程中的极度粗疏大意感到震惊。"

　　然而,现代杀虫剂致死性更强。大多数现代杀虫剂可分为两大类:一类是"氯化烃"杀虫剂,以 DDT 为代表;另一类由有机磷①杀虫剂构成,以人们更熟悉的马拉硫磷和对硫磷为代表。如前所述,它们有一个共同点,都是以生物世界不可或缺的碳原子为基础构成的,因此被归为有机物。要了解这些杀虫剂的属性,我们必须弄清楚它们的组成成分,以及尽管它们和生命体的基本化学作用有关联,但到底是怎样变成生命体的致死物质。

　　碳是一种基本元素,碳原子具备几乎无穷无尽的彼此结合能力,形成链状、环状或其他各种构形,还能与其他物质分子联结起来。因为这种特性,从细菌到大蓝鲸,生物呈现出令人难以置信的多样性。复杂的蛋白质分子、脂肪、碳水化合物、酶、维生素分子,都是以碳原子为基础组成的。数量众多的非生物体也是以碳元素为基本成分,所以含碳原子并非生命体专有属性。

---

① 为有别于农用无机磷肥,用作杀虫剂的含磷有机化合物惯用名称是"有机膦",由于两者均对应化学元素 phosphorus(磷),统一起见,本书均采用"磷"。

某些有机化合物仅仅是碳与氢的化合物。最简单的是甲烷（沼气），来源于自然界，由溶于水的有机物质经细菌分解而成，以适当的比例与空气混合，就变成煤矿内可怕的瓦斯，其化学结构高度简洁，由四个氢原子与一个碳原子联结形成：

$$H-C-H \quad (甲烷)$$

化学家们发现，可以用其他元素替代一个或全部氢原子。例如，用一个氯原子来取代一个氢原子，我们就制造出氯甲烷：

$$H-C-Cl$$

以氯原子替代三个氢原子，我们便得到麻醉剂氯仿：

$$H-C-Cl$$

以氯原子取代所有氢原子，得到的是四氯化碳，我们所熟悉的洗涤液：

$$Cl-C-Cl$$

围绕着基本甲烷分子的这些变化，我们用最简单合理的术语说明了什么是氯化烃。但是这一说明不足以显示烃在化学世界中的真正复杂性，也未能体现有机化学家造出无穷多样材料的手段。有机化学家使用的不是一个碳原子的简单甲烷分子，而是含有许多碳原子的烃分子。这些碳原子排列成环状或者链状,带有侧链或者支链,而连接它们的化学键,不仅有简单的氢原子或氯原子,还有各种各样的化学基团。结构上的微小变化会带来物质整个属性的改变,例如,不仅碳原子上附着的元素非常重要,连附着的位置也至关重要。如此精妙的操控,便催生了一系列具有超凡杀伤力的毒剂。

DDT(双氯苯基三氯乙烷之简称)最早出现在 1874 年,由一位德国化学家合成,人们到 1939 年才发现它的杀虫功效。DDT 旋即被吹捧为能根绝虫媒疾病、会帮助农民一夜之间战胜作物虫害的化学品。瑞士人保罗·穆勒因发现 DDT 获得了诺贝尔奖。

目前 DDT 的应用非常广泛,以致大多数人觉得它和其他常用物一样无害。DDT 无害的神话或许与它最早的一种用途有关:战争时期,为扑灭虱子,成千上万的士兵、难民和囚犯身上被喷洒DDT 粉剂。于是,人们普遍认为,既然这么多人贴身接触 DDT 都没有出现不良后果,这种药物肯定无害。产生这种错误认识是基于这样一个事实:与其他氯化烃药物不同,DDT **粉剂**不易被皮肤吸收;但溶于油性溶剂的液态 DDT 绝对有毒,被吞咽后,DDT 经由消化道被慢慢吸收,也会被肺部吸收。DDT 本身是脂溶性的,一旦进入体内,DDT 会大量存储在富含脂肪的肾上腺、睾丸、甲状腺等器官内,还有相当多一部分留存在肝、肾,以及包在肠道外面起保护作用的大面积肠系膜脂肪里。

DDT 在体内的积累始于我们能想象的最小化学物摄入量(大多数食物上都会有 DDT 残留),直至达到相当高的积存水平。这些富含脂肪的体内器官起着生物放大器的作用,食物中 0.1ppm的摄入量,在体内的积累可达到 10—15ppm,增加了一百余倍。这些对化学家或药物学家来说很熟悉的术语,大多数人却很陌生。

一个 ppm,也就是百万分之一,听起来是非常小的数量(确实很小),但 DDT 毒效强大,微小剂量就能引起体内的巨大变化。动物实验发现,3ppm 的 DDT 药量就会抑制心肌里一种主要酶的活性,5ppm 的药量便会造成肝脏细胞坏死或衰竭。与 DDT 属性非常接近的狄氏剂和氯丹,仅需 2.5ppm 的药量就能造成同样的后果。

其实这并不奇怪,在人体的正常化学过程中,存在着这类诱因微小而后果严重的情况,比如,0.0002 克碘足以造成健康与疾病的分别。微量杀虫剂在体内逐步累积,却只能缓慢地排泄出去,所以肝脏与其他脏器的慢性中毒及退化病变的威胁是真实存在的。

科学家们尚未就人体内可以贮存的 DDT 限量达成一致意见。美国食品药品监督管理局的首席药物学家阿诺德·李赫曼博士认为:没有一个下限(低于此值,DDT 不会被吸收),也没有一个上限(高于此值,DDT 的吸收和储存便停止)。另一方面,美国公共卫生署的威兰德·海斯博士却坚持认为,个体体内的 DDT 存贮都有一个平衡点,超过此限量的 DDT 会被排泄出去。就现实而言,他们孰是孰非并不特别重要。我们对 DDT 在人体内的贮存已有充分调查,结果显示普通人体内的积存量都会造成潜在的危害。很多研究表明,没有明确 DDT 接触史(不可避免的饮食摄入除外)的个人,其体内平均积存量为 5.3—7.4ppm;农业工人是 17.1ppm;杀虫药工厂工人则高达 648ppm。由此可见,现有研究证实人体内的积存量范围跨度相当大。更说明问题的是,研究还发现人体内最小的 DDT 积存量也已超过损害肝脏及其他器官或组织的起始水平。

DDT 及其同类化学药品最危险的一个属性是,通过食物链上的所有环节,DDT 从一个生命体传至另一生命体。例如,苜蓿地里洒了 DDT 粉剂,苜蓿被制成饲料喂饲母鸡,母鸡产下的蛋则含有 DDT。再如干草里含有 7—8ppm 的 DDT 残留物,用此干草喂养奶牛,牛奶里的 DDT 含量会达到大约 3ppm,这批牛奶制成的奶油里,DDT 浓度则高达 65ppm。经过这样的传递,本来含量极少的DDT,可能会达到很高的浓度。食品药品监督管理局明令禁止含有杀虫剂残留的牛奶进入跨州交易,但农民们面临的问题是难以获得未受污染的奶牛饲料。

有毒物质还可能从母亲传递给下一代。食品药品监督管理局的科学家从人类母乳抽样实验中已经检测出了杀虫剂残留物,这意味着母乳喂养的婴孩体内会持续摄入微量有毒化学物质。但这绝不是婴儿首次接触有毒物质,有充分证据表明,婴儿在胚胎时期就开始接触到毒素。在实验动物体内,氯化烃药物轻松突破了胎盘这一屏障,而胎盘历来是母体内隔离胚胎与有害物质的天然屏障。由于婴幼儿对毒性的敏感远高于成人,胎儿吸收的有害物质剂量虽小,却不容忽视。这就意味着,当代普通人几乎都是自带化学药物降生,随后不断累积残留物。

基于以上所有事实——低量摄入的有害药物会积存和持续累积、日常饮食所摄入的残留物会引起各种程度的肝脏损伤,食品药品监督管理局的科学家早在 1950 年就宣布“DDT 的潜在危险极有可能一直被低估了”。医学史上没有出现过类似的情况,也没有人能预知最终的后果。

另一种氯化烃是氯丹,具有 DDT 所有的有害属性,也有自己的诸多特性。其残留物能长久留存于土壤里、食物中或者施用过农药的物体表面。氯丹能通过各种可能的渠道进入体内,可通过皮肤吸收,也可作为喷雾或者粉尘被吸入,当然,吞咽后的氯丹残留物会被消化道吸收。与其他氯化烃一样,氯丹的沉积物会在体内积聚增多。含 2.5ppm 微量氯丹的食物,最终可能在实验动物脂肪内累积高达 75ppm 的残留物。

1950 年,资深药物学家李赫曼博士指出,氯丹是"杀虫剂中毒性最强的药物之一,任何人只要接触都有可能中毒"。但郊区居民显然并未把这一警告放在心上,仍然毫无顾忌地使用含氯丹的粉剂治理草坪。他们当时没有马上发病,但这不能证明什么,因为毒素可在人体内长期潜伏,几个月或几年后才毫无征兆地发病,那时很难追溯病因。另一些时候,死神也可能马上降临。一位受害者不小心将浓度为 25% 的工业溶液洒到皮肤上,四十分钟内就出现了中毒症状,没有等到医疗救治就已死亡。由于很难依赖预警,所以无法及时救治。

七氯是氯丹的成分之一,在脂肪里贮存的能力超强,在市场上作为一种单独的化学制品销售。食物中只要含有千万分之一的七氯,体内都能检出。它还有一种特别的能力,会转变成一种化学性质完全不同的物质,名为环氧七氯,这种转变是在土壤或动植物组织里完成的。鸟类实验表明,转化生成的环氧七氯比原来的七氯毒性更强,是氯丹的四倍。

早在 20 世纪 30 年代中期,人们发现一类名为氯化萘的特殊烃类会引发肝炎,职业暴露人群还会患上一种罕见的肝脏绝症。电气工人曾因此患病致死。最近,农业界人士怀疑氯化萘导致牛患上一种奇怪的绝症。有了这些先例,就不难理解狄氏剂、艾氏剂以及异狄氏剂这三种杀虫剂的剧毒性,它们跟氯化萘相关,是所有烃类药物中毒性最强的。

狄氏剂因德国化学家狄尔斯而命名,如通过吞咽被吸收,其毒性约等于 DDT 的五倍;但作为溶液被皮肤吸收,毒性则相当于 DDT 的四十倍。由于中毒者发病快,神经系统受到极大破坏,出现惊厥,让人闻之色变;而中毒后恢复非常缓慢,可见其毒害的长久性。与其他氯化烃一样,狄氏剂的长期危害会严重损坏肝脏。虽然狄氏剂的施用会对野生动物造成毁灭性的打击,但由于其能够长期残留、杀虫功效显著,目前仍然是应用最广的杀虫剂之一。鹌鹑和雉鸡的实验证明,狄氏剂的毒性约为 DDT 的四十至五十倍。

关于狄氏剂在体内如何贮存、分布或代谢,我们的知识还有很大的空白。化学家发明杀虫药的能力远远超过他们对毒素影响生命体的生物学认知水平。各种迹象表明,这类毒素如休眠的火山一样长期蛰伏在人体内,当生理应激增强,需要动用脂肪储备时,潜伏的毒性会骤然爆发。这方面的大部分知识来自世界卫生组织艰苦卓绝的抗疟运动,在疟疾防治中,用狄氏剂取代 DDT(因疟蚊已对 DDT 产生抗药性)之初,喷药人员中就出现了中毒病例,发病情况非常严重,半数以上(人数因项目不同有差别)中毒者出现抽搐,数人死亡;有些人在最后一次接触狄氏剂之后**四个月**,才出现抽搐症状。

艾氏剂则有些神秘,作为一种独立药剂存在,像是狄氏剂的一个变身。经艾氏剂处理过的苗圃里长出来的胡萝卜,已检测出狄氏剂残毒,这种变化发生在活体组织和土壤里。这种炼丹术式的变化导致很多研究报告出现错误,如果化学家只检测施用过艾氏剂之后的艾氏剂残留,他会错误地以为残留全部消失了。事实上,余毒还在,只不过变成了狄氏剂,需要不同的检测方法。

像狄氏剂一样,艾氏剂也有剧毒,会引起肝脏和肾脏的退行性病变。一颗阿司匹林药片大小的剂量,就足以杀死四百多只鹌鹑。人类中毒的病例已有不少记录,其中大多数与工业处理有关。

与大多数同类杀虫剂一样,艾氏剂会引起不孕症,给未来投下恶毒的阴影。雉鸡摄入极微量的艾氏剂,虽然没有致死,但产蛋量减少,孵出来的幼鸟也会很快死亡。这种影响不仅限于鸟类,接触过艾氏剂的老鼠受孕次数减少,其幼鼠也病怏怏,存活不久;接受过艾氏剂治疗的母狗所产小狗活不过三天。总而言之,新生一代因母体中毒而受害。没人知道同样的影响是否会出现在人类身上，但是这类化学药品已经通过飞行喷洒遍及城郊和田野。

异狄氏剂是毒性最强的一种氯化烃药物，其化学性能非常接近狄氏剂，但分子结构上的一点微小差异使其毒性相当于狄氏剂的五倍。相形之下，杀虫剂的鼻祖 DDT 可以说近乎无害。对哺乳动物、鱼类、一些鸟类而言，异狄氏剂的毒性分别是 DDT 的十五倍、三十倍、三百倍。

投入使用后的十年间，异狄氏剂毒杀过巨量的鱼类，牛畜误入喷过药的果园会中毒死亡，井水被严重污染。至少有一个州的卫生部门曾发出严重警告：随意使用异狄氏剂正危害人类生命。

有一起中毒事件最为悲惨，异狄氏剂的使用没有明显疏忽，喷洒前也做足了所有可能的预防措施。一对美国父母带着满周岁的孩子迁居委内瑞拉，他们在搬入的房子里发现了蟑螂，几天后使用了含有异狄氏剂的喷雾剂。上午 9 点左右开始打药之前，他们把婴孩连同家里养的小狗都带到了屋外，喷药之后也擦洗了地板。下午 3 点左右，婴孩及小狗被接回家，大概一个小时后，小狗开始呕吐、抽搐，然后死掉了。当天晚上 10 点，孩子也开始呕吐、抽搐，随后失去知觉。和异狄氏剂这次致命接触之后，这个原本正常健壮的孩子失去了视觉、听觉，肌肉频繁痉挛，对周围环境不再有感知，基本上变成了植物人。在纽约医院接受治疗数月之后，孩子情况未有改变，也没有好转的希望，主治医师说："任何程度的康复都希望渺茫。"

第二大类杀虫剂是有机磷农药，跻身世界上最毒药物之列。使用这类药物最主要、最明显的危险是：不管是喷洒药剂的人，还是不慎接触漂浮的药雾、被喷药的植被、废弃药剂包装容器的人，都会发生急性中毒。在佛罗里达州，两个孩子找到一只空口袋，用来修补秋千,没过多久,这两个孩子就死了,跟他们一起玩耍的三个孩子也得了病。这个袋子曾经装过一种叫作对硫磷的杀虫药,是有机磷化合物的一种;检验证实,他们的死亡正是对硫磷中毒所致。另外,威斯康星州有两个孩子,他们是堂兄弟,在一个晚上同时死亡。那天,其中一个孩子在院子里玩耍,他父亲正在毗邻田里给马铃薯喷射对硫磷药剂,药雾飘进了院子;另一个孩子跟随父亲跑进谷仓嬉戏,用手动过喷雾器具的喷嘴。

这些杀虫药的来历颇具讽刺意义。有些化合物本身,如磷酸的有机酯,虽然久为人知,但其杀虫特性直到20世纪30年代晚期才被德国化学家格哈德·施雷德尔发现。德国政府当即认识到这些化合物在人类针对同类的战争中充当新型杀伤性武器的价值,随即秘密开展有关的研制工作。有些成了致命的神经毒气,另一些有相近化学结构的则被制成杀虫剂。

有机磷杀虫剂对生命体的作用很奇特,能够破坏生物体内具有关键功能的酶。此类杀虫剂主要攻击昆虫或温血动物的神经系统。正常情况下,一个神经脉冲借助称作乙酰胆碱的"化学传导物"在神经之间传递,乙酰胆碱履行完重要功能之后就会自行消失。这种物质的存在时间非常短暂,如果不采取特殊的操作程序,医学研究人员无法在其消失之前对其抽样。这种传导物质转瞬即逝的特性是维持身体正常机能所必需的。在一次神经脉冲通过之后,如果乙酰胆碱没有被立即摧毁,所有脉冲就会沿着桥梁持续在神经之间快速传递,乙酰胆碱将以更加强烈的方式发挥作用,导致整个身体运动失去协调性,出现颤抖、肌肉痉挛、浑身抽搐,很快导致死亡。

应对上面的偶发状况,机体内有一种叫胆碱酯酶的保护性酶,可以随时消灭体内不需要的传导物质,维持机体内的精确平衡,避免乙酰胆碱积聚到危险数量。接触有机磷杀虫剂会破坏体内的保护酶,随着保护酶的数量减少,乙酰胆碱的累积量升高。有机磷化合物的这一作用机理,与生物碱毒蕈碱相似,后者存在于一种叫毒蝇伞的有毒蘑菇里。

反复接触此类药物会降低胆碱酯酶的含量,当达到急性中毒发作的临界点时,一次极微量的接触都会导致发作。因此,对喷洒农药和经常接触药剂的人员进行定期血检极为重要。

对硫磷是用途最广的一种有机磷化合物,也是药性最强、最危险的一种药物。接触过对硫磷的蜜蜂变得"狂躁、好斗",会做出疯狂的清洗动作,半小时之内就濒临死亡。有位化学家试图以最直接的办法了解引起人体急性中毒的剂量,吞服了极微小剂量的对硫磷(仅仅相当于 0.00424 盎司),立即全身瘫痪,还来不及够到事先预备在手边的解毒剂就已死亡。据传,对硫磷现在是芬兰人最常使用的自杀药物。近年来,加利福尼亚州平均每年有二百多起对硫磷意外中毒的报告。在全球很多地方,对硫磷死亡数字惊人:1958 年,印度有一百起致命案例,叙利亚六十七起。日本平均每年有三百三十六起对硫磷中毒死亡案例。

尽管如此,通过手动喷雾器、电动鼓风机、洒粉机或飞机喷洒,美国现在仍然将大约 700 万磅左右对硫磷施用于农田与果园。一位医学权威说,仅仅加利福尼亚农场所用的对硫磷就是"毒死五到十倍全球人口的致死剂量"。

人类之所以幸免于灭绝,主要是对硫磷及其他同类药剂的分解速度很快。与氯化烃相比,其在庄稼上的有效残留时间相对要短,但足以带来各种危害,轻则严重中毒,重则致命。在加利福尼亚的里弗赛德,三十位采摘柑橘的工人里有十一人得了重病,除一人外都不得不住院接受治疗。他们的症状是典型的对硫磷中毒。两周半左右之前,橘林曾被喷洒过对硫磷雾剂,残留物已经留置十六至十九天之久,却仍然导致采橘人陷入干呕、半失明和半昏迷的痛苦。这绝对不是对硫磷残留时间的最长纪录，一个月之前喷过标准剂量农药的橘林也发生了类似事故，六个月之后的柑橘皮里仍能检出残留物。

由于有机磷杀虫剂给在农田、果园、葡萄园里施用农药的工人带来极大危险，施用这类农药的一些州设立了实验室，协助临床医生开展诊断和治疗。但是，除非医生救治中毒患者时戴着橡皮手套，否则自己也可能中毒。洗衣妇洗濯中毒者衣物也有危险，衣服上可能已经吸附了足以让她中毒的对硫磷残留量。

马拉硫磷是另一种有机磷化合物，应用很广，和 DDT 一样广为人知。马拉硫磷被广泛使用于园艺、家庭灭虫、蚊虫喷药以及地毯式歼灭昆虫，比如，佛罗里达州为了消灭地中海果蝇，对近百万英亩①的社区喷药。很多人认为马拉硫磷在同类药物中毒性最小，因此可以随意使用，不用担心有害，商业广告也助长了这种放心无忧的心态。

和很多其他化学药品一样，马拉硫磷投入使用数年之后，人们才发现其宣称的"安全性"非常不可靠。马拉硫磷之所以"安全"，仅仅是因为哺乳动物肝脏具有非凡的保护功能，使其变得相对无害。肝脏的解毒作用由一种酶完成，当这种酶被破坏或其活动受到干扰，接触马拉硫磷的人就会遭受毒素的全力攻击。

不幸的是，人类遭遇这种情况的机率很大。几年前，食品药品监督管理局的一个科学家团队发现，如果同时施用马拉硫磷和其他某种有机磷化合物，会发生严重的中毒现象，其毒性是预计的两者叠加毒性的五十倍。换言之，如果这两种化合物混合使用，每种只取致死剂量的 1%，便足以致命。

这一发现促使人们对化合物混合作用进行测试。我们现在知

---

① 译注：1 英亩等于 4046.86 平方米。

道,磷酸酯杀虫剂的很多对组合非常危险,如果混合使用,毒性会上一个台阶,大为强化。毒性之所以强化,是一种组分破坏了能消解另一种组分的肝脏酶,两种化合物都不必同一时间施用,就能产生这种作用。混合作用不仅威胁这周喷洒一种虫药下周喷洒另外一种的人,也危害喷洒了混合农药的农产品的消费者。一碗普通沙拉很容易就出现多种磷酸酯杀虫剂的混合,在法定许可限量之内的多种残毒也会相互作用。

化学药物的这种相互作用非常危险,我们对其全部细节知之甚少,但科学实验室不时发布令人不安的新发现。其中之一是发现一种有机磷化合物的毒性可以被第二种物质增强,而这种物质不一定是杀虫剂。比如,某种增塑剂可能比另一种杀虫剂更能增强马拉硫磷的毒性,这也是因为增塑剂抑制了肝脏酶的功用,而正常情况下这种酶能拔除马拉硫磷的"毒牙"。

在正常的人类环境里,其他化学制品尤其是医学药品的作用又怎么样呢?这方面的研究刚刚开启,但已经知道,某些有机磷化合物(对硫磷和马拉硫磷)能增强某些肌肉松弛剂的药物毒性,几种其他磷酸酯(同样包括马拉硫磷)会显著增长巴比妥酸盐的安眠时间。

希腊神话中的女巫米蒂,因丈夫贾逊被情敌夺走而勃然大怒,送给新娘一件魔法长袍,披上之人会当场暴毙。类似间接致死的杀虫剂则被称为"内吸杀虫剂",这些杀虫剂特性非同一般,能将动植物变身为自带毒性的"米蒂长袍",杀死接触这些动植物的昆虫,尤其是那些吮吸植物汁液或动物血液的昆虫。

内吸杀虫剂的世界非常诡异,格林兄弟在世也难以想象,恐怕只有查尔斯·亚当斯的漫画世界差可比拟。在这个世界里,童话中的迷人森林变成了有毒森林,昆虫只要咀嚼一片树叶或吮吸一株植物津液就难逃一死。在这个世界里，一条狗被跳蚤叮咬一口就会死去，狗血已变成毒血；从未触碰过植物的昆虫，也会死于植物散发的水汽；蜜蜂带回蜂房的花蜜有毒，再酿出有毒的蜂蜜。

硒是一种自然生成的元素，在世界多地的岩石及土壤里均有少量发现。应用昆虫学领域的工作者发现，含硒酸钠的土壤里种植的麦子能够免受蚜虫或叶螨侵害。受此启发，昆虫学家萌生了内吸杀虫剂的梦想，硒由此成为第一种内吸杀虫剂。

一种杀虫剂具备渗透动植物全部组织并使其中毒的能力，便成为内吸杀虫剂。一些自然生成的物质具有这种属性，一些人工合成的氯化烃类和有机磷类化合物也具有这一属性。实际应用中，因为有机磷类化合物的残留问题没那么尖锐，大多数内吸杀虫剂都是从有机磷类物质提取出来的。

内吸杀虫剂还以别的隐蔽方式发生效用。通过浸泡或与碳混合后涂抹的方式施用于种子，其效用会延续到植物的后代，生成对蚜虫及其他吮吸类昆虫有毒的幼苗。这个防虫办法有时用于像豌豆、黄豆、甜菜一类的蔬菜。在加利福尼亚州，用内吸杀虫剂处理棉籽已有一段时间，但在1959年，由于处置杀虫剂处理过的棉籽袋，加州圣华金河谷棉花种植农场的二十五个工人突发重病。

在英格兰，有人想知道蜜蜂从内吸杀虫剂处理过的植物上采蜜会发生什么情况，为此对施用八甲磷农药的地区进行调查。尽管喷药发生在植物花朵成形之前，但后来生成的花蜜仍然含有毒素。结果和预测的一样，蜜蜂所酿之蜜也被八甲磷污染了。

动物内吸杀虫剂的使用主要集中在控制牛蛆，牛蛆是一种寄生于牲畜的破坏性寄生虫。要在宿主血液及组织里形成杀虫功效且不危及宿主生命，必须非常微妙和小心地平衡毒性。政府部门的兽医发现，重复性小剂量用药会逐渐耗尽动物体内保护性的胆碱酯酶，极微小的用药过量都会毫无预警地引发中毒反应。

有强烈迹象表明，与我们日常生活息息相关的应用领域正在开启。据说，现在给你的狗喂一粒药丸，可使狗血本身带毒，从而摆脱跳蚤。但是，牛畜用药时发生的危险情况，可能会在狗身上重演。迄今为止，好像还没人建议在人类身上使用内吸杀虫剂来毒死蚊子。也许这是下一步的计划。

至此，这一章一直讨论的是我们大战昆虫所用的致死农药。我们同时在进行的杂草之战情况又如何呢？

盼望快速简便地灭除不需要的草木，催生出一大批日渐繁多的化学药物，我们称其为除莠剂，非正式名称是除草剂。本书第六章将论述人们如何使用及误用这些化学药品，这章里，我们关注的问题是，这些除草剂是否有毒？它们的使用是不是环境毒害的另一个原因？

除莠剂只对植物有毒、对动物无威胁，这个神话广为流传。很不幸，这不是事实。除草剂包括很多种化学药品，对植物和动物组织都有影响。它们作用于有机体的效果差异很大。有些是一般性的毒药；有些是新陈代谢的强效激发剂，导致体温致命升高；有的药物独立起作用或与其他药物共同起作用，会引发恶性肿瘤；有些则引起基因突变，破坏生物种属的遗传物质。因此，除莠剂和杀虫剂一样，都包括了一些十分危险的化学药物。认为除莠剂"安全"就草率施用，会招致灾难性后果。

尽管实验室源源不断地竞相推出新药物，以亚砷酸钠形式出现的含砷化合物仍被大肆使用，既做杀虫剂（如前所述），也做除草剂。含砷化合物的使用历史让人无法安心。作为路边除草剂，不仅使很多农民失去奶牛，也杀死了无数野生动物；作为水中除草剂施用于湖泊和水库，导致公共水域不再适宜饮用，甚至不宜游泳；用于毁掉马铃薯田的藤蔓，使人畜都为此付出了生命代价。

1951 年前后，原本用来烧毁马铃薯藤蔓的硫酸出现短缺，英国开始以上述含砷化合物取而代之。英国农业部认为，必须警告人们进入喷过含砷药剂的农田有危险，但是家畜听不懂这种警告（我们必须假设野生兽类及鸟类也听不懂），因此不时出现家畜因含砷喷剂中毒的报道。当一位农妇因为饮用砷污染的水死亡时，英国一家大型化学公司于 1959 年叫停了含砷喷雾剂的生产，召回了分销商手中的供货。此后不久，农业部宣布，因为亚砷酸盐对人和家畜极度危险，将限制亚砷酸盐的使用。1961 年，澳大利亚政府也宣布了类似禁令。然而，美国并没有限令阻止这些有毒物质的使用。

有些"二硝基"化合物也被用作除莠剂。美国在用的同类化学药品中，它们被评定为最危险的一种。二硝基苯酚是一种高效代谢增强剂，一度被用于减轻体重。可是，减肥所需摄入量和致毒或致死剂量之间只存在细微差距，有几个因此致病者已经死亡，还有很多使用者受到永久性伤害。该减肥药最终被禁用。

五氯苯酚是二硝基的一种同属药物，有时称为"五氯酚"，也是兼做杀虫剂和除草剂，常常用于喷洒铁路沿线及荒芜地带。从细菌到人类，五氯酚对多种有机体均有极强的毒性。像二硝基药物一样，五氯酚常常对机体内部的能量来源造成致命干扰，造成受害机体的能量耗竭而亡。最近，加利福尼亚州卫生局报告了一起致命事故，展示了它的可怖毒性，一位油罐车司机混合柴油与五氯苯酚，准备配制一种棉花落叶剂。当他从桶内汲出浓缩药液的时候，龙头意外掉落桶内，他徒手伸进桶内捞出龙头。尽管他当即洗手，还是很快发病，次日即告不治。

亚砷酸钠或酚类药品这类除草剂的恶果十分明显，另一些除莠剂的效用却很隐秘。例如，现在广为人知的蔓越莓除草剂氨基三唑,又称"杀草强",被评定为毒性相对较小,却可能引发甲状腺恶性肿瘤。长远来说,引发野生动物甲状腺恶性肿瘤的趋势非常显著,对人类的影响也可能如此。

有一些除莠剂被划归"诱变剂",具备改变遗传基因的能力。辐射造成的遗传性影响触目惊心,具有同样危害的化学药物却在环境中广泛散播,我们怎能视若无睹呢?

第四章　地表水和地下海

所有的自然资源中,水是最珍贵的。虽然地球表面大部分都被海水覆盖,人类在丰沛的海水围绕中,却仍然感到缺水。这个奇怪的悖论源于地球上大部分水体富含海盐,不适合作为农业、工业或人类生活用水,因此,世界上大多数人面临或即将面临淡水严重不足的威胁。这个时代,人类忘记了自己的起源,又漠视最基本的生存需要,水资源和其他资源就变成了人们冷漠的牺牲品。

人类生存环境已被全面污染,水污染只是其中一部分,只有放在这一背景下才能理解农药造成的水污染问题。进入水系的污染源很多:核反应堆、实验室和医院排放的放射性废弃物,核爆炸的沉降物,城镇的生活垃圾,工厂排放的化学废料等。现在又新增一种沉降物,来自农田、果园、森林和原野里施用的化学雾剂,其中多种混合①化学制剂的危害骇人听闻,堪比辐射的危害,甚至有过之。这些化学药物之间还存在可怕的、鲜为人了解的反应、转化和危害叠加作用。

自从化学家们开始制造非天然存在的物质,水净化的问题就日益复杂,用水者的危险也在增加。如我们所知,合成化合物的大

---

① 译注:此处原文为法文 mélange。

量生产始于20世纪40年代，目前每天往全国水系里倾倒排放量惊人的化学污染。这些化学污染不可避免地与家庭生活垃圾以及其他废弃物混合，排入同一水体，以致净水厂常用检测方法也无法检出。大多数这些化合物极为稳定，常用处理过程无法将其分解，很多时候，将其辨识出来都极为困难。在河里，充满了种类繁杂的污染物，它们结合而成"泥状"沉积物，令卫生工程师无可奈何。麻省理工学院的卢佛·爱拉森教授在国会委员会里作证指出，无法预测这些化合物的复合效应，也无法辨识混合生成的有机物质。爱拉森教授说："我们根本不了解那是什么东西，对人有什么影响。我们一无所知。"

更为严重的是，控制昆虫、啮齿类动物或杂草的化学药物，也对有机污染物有贡献。其中，有些是专门适用于水体，消灭植物、昆虫幼虫或不为人喜欢的鱼类；有些污染源自森林喷药，为了控制一种害虫，有的州对两三百万英亩土地展开地毯式农药喷洒，有些喷洒物直接落入溪流，有些从茂密的树冠滴进林间地面，然后汇入缓慢移动的土壤渗水，开始流向大海的漫长征程。大部分污染物来自防控农田昆虫和啮齿动物的几百万磅农药，都是水溶性残留物，经雨水冲刷渗出，加入流向大海的运动。

在溪流，甚至公共供水，随处可见这些化合物残存的显著证据。比如，某实验室从宾夕法尼亚州一个果园区采集了饮用水样，用鱼做试验，结果在四个小时里，水样所含的杀虫剂残留杀死了所有实验用鱼。即使经过净水厂，溪水流经喷过农药的棉田，仍然对鱼类有致命毒性。来自毒杀芬（一种氯化烃）处理过的农田的农业径流，导致亚拉巴马州田纳西河的十五条支流里的鱼类全部死亡，其中有两条支流是市政供水的水源。然后，施用杀虫剂一周之后，下游水箱里的金鱼每天都有死亡，证明水体依然带毒。

大多数情况下，这种污染无形无色，只有出现成百上千的死鱼，人们才知晓其存在。更多的时候，根本不被察觉。对这些有机污染物，负责保障水纯净的化学家没有常规检测方法，没有净化措施。然而，不论是否被检出，与其他应用于地表的物质一样，农药都在那里，大量存在于水里，现在已经进入许多河流，甚至可能是全国所有的水系。

如果有人怀疑我们的水体被杀虫剂普遍污染这一事实，他应该读读美国鱼类及野生动植物管理局1960年发布的一份小报告。这个部门开展了多项研究，旨在揭示鱼类是否如温血动物般蓄积杀虫剂。第一批样品来自西部森林地区，为控制云杉卷叶蛾，该地区大面积喷洒过DDT。不出所料，所有鱼体内都含有DDT。真正重要的发现来自研究人员所做的对比分析，第二批样品取自距离喷药区30英里①的一条偏僻小溪，位于第一批采样点的上游，之间还隔着一道长瀑布，小溪所在地方并没有喷过农药，两批样品的对比研究发现，小溪里的鱼也含有DDT！那么，这些化学物质是通过看不见的地下水抵达这条偏远小溪的吗？抑或是随风飘散，落入溪面？在另一项对比研究中，一个鱼苗孵化场的鱼体组织里也发现了DDT，而孵化场的供水来自一口深井。同样的，这里没有喷洒药物的记录。看来唯一可能的污染途径就是地下水。

所有水污染问题中，可能最让人忧虑的是来自大面积地下水污染的威胁。在一个地方的水里施加农药，不可能不危及其他地方的水源纯净度。自然界绝少在封闭和隔绝的空间里运转，在地球水资源的供给上也是如此。雨水降落到地面，通过孔洞及裂缝渗入土壤和岩石，然后继续往深处渗透，直至抵达所有岩石孔隙都充满水的区域，那里是黑暗的地下海域，随山峦拱起、山谷陷落。这部分地下水始终处于流动中，有时速度非常慢，一年不超过50

---

① 译注：1英里等于1.609千米。

英尺①;有时速度比较快,一天移动近十分之一英里。它沿着人们看不见的水道流动,不时会冒出地面形成涌泉,或被引为井水。但大部分情况下,地下水归入小溪和汇入河流。除了直接进入河流的雨水和地表径流,所有地球表面流动水都曾经是地下水。所以,从非常真实且严峻的意义上讲,地下水的污染是所有水资源的污染。

只有经由黑暗的地下海,科罗拉多州一个制造厂的有毒化学物才能流到几英里之外的农业区,污染井水,毒害人畜,毁坏庄稼。这起事件很不寻常,却很可能只是一系列同类事件的开端。事情的大致过程如此:1943 年,位于丹佛附近的落基山军需化工厂开始生产战争物资,八年之后,该厂将厂房设备转租给一家生产杀虫剂的私营石油公司。不过,在转租之前,离奇事件就已经不断发生:工厂几英里之外的农民开始报告牲畜染上不明疾病,抱怨大片庄稼被毁;树叶变黄,植物难以成熟,许多庄稼都死掉了;有人认为有些村民患病也与此相关。

这些农场的灌溉用水来自浅水井。1959 年,几个州和联邦机构共同参与的一项研究显示,被检测的井水含有多种化合物。在落基山军工厂生产运行期间,曾将氯化物、氯酸盐、磷酸盐、氟化物和砷排放进一个收集池。很显然,军工厂和农场之间的地下水已经被污染,经过七八年的时间,这些废弃物从收集池移动到大约 3 英里之外最近的农场。这种渗流还在继续扩散,并进一步污染其他地区,但影响范围尚不明朗,研究人员既无法消除污染,也无法阻止其继续扩散。

这种情况已然糟糕透顶,人们又在几口水井和军工厂的废料

---

① 译注:1 英尺等于 0.3048 米。

收集池里都发现了除草剂2,4-D,这是整个事件中最匪夷所思的,长远来说也是最为重要的。2,4-D的存在,足以解释为何这些水源灌溉农田后庄稼会死亡,但令人费解的是,这个兵工厂投产以来从未生产过2,4-D除草剂。

经过长期、细致的研究,工厂的化学家得出结论:2,4-D是在开放的收集池里自发形成的,由军工厂排放的其他物质合成。无需人类化学家的干预,在空气、水和阳光的作用下,收集池变成了化学实验室,生产出一种新化学物质,而沾到这种化学物质的植物都会受到致命损伤。

因此,科罗拉多农场及其受损庄稼的故事超越了地方影响,具有重大的普遍意义。除了科罗拉多,化学污染进入公共用水后,是否会发生类似事件?各地的湖泊和溪流里,在空气和阳光的催化作用下,号称"无害"的化学药物可能会合成哪些危险物质?

实际上,水资源化学污染最令人警醒的一面是,在河流、湖泊、水库或者你家餐桌上的一杯水里,都混有多种化学药品,而任何一个负责任的化学家都不会考虑在实验室里将其混杂在一起。对这些自由混合后可能产生的相互作用,美国公共卫生署的官员们深感不安。他们很担忧,相对无毒的化学药物混合后会产生有毒物质,这类情况可能已大规模发生。这类反应可能发生在两个或者多个化学物之间,也可能在化学物与河流里日益增多的放射性废料之间发生。在电离辐射的作用下,原子重排很容易发生,化学物的性质也随之改变。这些改变既不可预测,也无法控制。

当然,不仅地下水被污染,溪流、河流、灌溉用水这样的地表流动水也未能幸免。在加利福尼亚州,发生在图利湖和下克拉马斯湖的国家野生动物保护区里的事情,令人很不安。这两个地方的保护区和俄勒冈州边境的上克拉马斯湖保护区同属一个保护区链条,互相关联,冥冥之中注定要共享一个水源。它们周围遍布农田,俨然像点缀在汪洋农田上的小岛,而农田是沼泽和开放水域经排水和引流改造而成,之前是水禽的天堂。

现在,保护区周围的农田灌溉用水来自上克拉马斯湖。浇灌过农田后,灌溉用水被重新汇集起来,用泵打入图利湖,然后流到下克拉马斯湖。因此,图利湖和下克拉马斯湖两个保护区的所有水体都来自农业土地排水。记住这一点对理解最近发生的事情很重要。

1960 年夏天,在图利湖和下克拉马斯湖,保护区工作人员捡到了数百只已死或濒死的禽鸟,其中大部分是以鱼为食的鸟类,比如苍鹭、鹈鹕和鸥鸟。分析发现,它们体内含有毒杀芬、DDD 和 DDE 等杀虫剂残毒。湖里的鱼和浮游生物体内也发现含有杀虫剂。保护区管理人员认为,农田大量喷药后,灌溉回流水把残毒带入了保护区,导致保护区水域里农药残毒日益增多。

西部每一个猎鸭者,每一个珍惜水禽如飘带般掠过夜空的美景和鸟鸣声的人,可能都已感受到保护水域被荼毒的后果。这两个保护区对保护西部水禽非常关键,它们位于宛如漏斗颈部的狭窄处,所有候鸟的迁徙路线都汇集于此,构成著名的"太平洋迁徙航线"。当秋季迁徙来临,从白令海岸到哈德孙湾,数百万只野鸭和大雁(野鹅)从栖息地飞来这里,数量占秋季向南迁徙至太平洋沿岸各州水禽总数的整整四分之三。夏天,这里是水禽的栖息地,特别是濒临灭绝的红头鸭和棕硬尾鸭喜爱的地方。如果这两个保护区的湖泊和池塘遭受严重污染,对美国远西地带水禽数量的破坏将无法恢复。

水支撑众多的生命链,对其考量必须放在这个语境里。从小如微尘的浮游生物的绿色细胞、微小的水蚤,到鱼类(吞噬浮游生物,然后被其他鱼类或鸟类吃掉)、水貂、浣熊,生命在无穷尽的循环中进行物质转移。众所周知,水体含有必要的矿物质,也通过食物链传递；我们能够假设，人类引入水中的毒素不会进入这些自然循环吗？

加利福尼亚州清湖的惊人历史给出了答案。清湖位于旧金山以北 90 英里的山区，一直很受垂钓者青睐。其实，清湖名不副实，湖底覆盖黑色软泥，很浅很浑浊。湖水是一种小蚋虫**清湖幽蚊**的理想栖息地，这对渔夫和湖边住户来说很不幸。这种蚋虫虽然是蚊子的近亲，但成虫不以吸血为生，甚至可能完全不吃东西。但蚋虫数量巨大，居民们不胜其扰，很多控制蚋虫的尝试都收效甚微。直到 20 世纪 40 年代末，氯化烃杀虫剂给人们提供了新武器。新一轮灭蚋行动选择了 DDD（与 DDT 非常相近，但对鱼类的威胁明显小很多）。

新的防控措施于 1949 年实施，经过仔细规划、湖体查勘、容积测定，杀虫剂以 1∶70000000 的比例用水进行高度稀释，几乎没有人预计会发生什么损害。最初灭蚋的效果不错，但 1954 年不得不重复一次，稀释比例为 1∶50000000。当时认为灭蚋已彻底完成。

当年冬天，出现了其他生物受影响的第一个迹象：湖上的西方䴙䴘开始死亡，很快就累积了一百多只。西方䴙䴘被湖里丰富的鱼类吸引，来此过冬，繁殖后代。䴙䴘多见于美国和加拿大西部的浅湖中，外表美丽，习性优雅，鸟巢搭建漂浮于水上。西方䴙䴘低空滑过湖面时不见一丝涟漪，洁白的颈项，黑亮的头部高高仰起，素有"天鹅䴙䴘"之美誉。新生雏鸟浑身长满灰色绒毛，孵出几个小时后就下水，依偎着亲鸟羽翼，骑在父母背上一起滑行。

由于蚋虫卷土重来，1957 年进行了第三次喷药，造成更多䴙䴘死亡。与 1954 年一样，死鸟检查没有查出传染病迹象。有人想起要分析䴙䴘的脂肪组织，这才发现䴙䴘体内的 DDD 含量竟然高达 1600ppm。

施用的 DDD 最大浓度是 0.02ppm，䴙䴘体内怎么能积累这么高的含量？鸬鹚以鱼为食，当人们化验了清湖的鱼类之后，一切都变得清晰了：毒素被最小的生物体吸收，在体内浓缩，然后传递给更大的捕食生物。人们发现浮游生物组织中杀虫剂浓度为 5ppm（大约是最大水溶浓度的二十五倍），食草鱼体内积累的浓度为 40—300ppm。肉食类动物体内的积蓄量最大，一种褐色杜父鱼的积蓄量惊人，浓度高达 2500ppm。这就是儿歌中"杰克建的小屋"式循环：大的肉食动物吃小的肉食动物，小的肉食动物吃食草动物，食草动物再吃浮游生物，浮游生物摄取水中毒物。

随后的发现更加离奇，最后一次使用化学药物之后，水体里检测不到丝毫 DDD 痕迹。但毒素并没有真正离开这个湖，而是进入了湖中生物的组织里。停用化学药物二十三个月后，浮游生物体内的 DDD 浓度仍高达 5.3ppm。在将近两年的时间里，毒素虽然从水里消失了，但在浮游生物的不断繁衍中代代传递，同时积存在湖中动物体内。停用化学药物一年之后，所有受检鱼类、鸟类仍有 DDD 残留，动物体内所含 DDD 浓度总是超出水中原始杀虫剂浓度很多倍。在这些携带毒素的生物中，有些是施用 DDD 九个月之后孵化出来的鱼类，而鸬鹚和加利福尼亚海鸥体内积蓄的毒素浓度超过了 2000ppm。同时，鸬鹚的营巢规模也在缩小，数量从首次使用杀虫剂时的一千多对减少到 1960 年的三十对左右。这三十对也是白白筑巢，自最后一次使用 DDD 以来，湖面上再也没有出现过小鸬鹚的身影。

整个毒素链条似乎始于微型植物的原始浓缩作用。处在食物链终端的人类情况又如何呢？人类在不知情的情况下，可能已备好渔具，从清湖里钓了一串鱼，带回家煎炸做晚餐。单次大剂量或者重复摄入 DDD 残留会对人类产生什么影响呢？

虽然加州公共卫生部声称没有发现任何危害，仍然于 1959 年要求清湖停用 DDD。鉴于科学证据已经证明 DDD 生物效力极其强大,这一举措似乎只是一种最低限度的安全保障。在各种杀虫剂中,DDD的生理效应可能是独一无二的,会破坏部分肾上腺,也就是分泌性激素的肾上腺皮质外层细胞。这种破坏性效应最早发现于1948年,由于没有在其他动物实验(如猴子、老鼠或兔子)中发现问题,这种效应一度被认为只适用于狗。然而,DDD在狗身上引发的症状与人类患有爱德逊综合征的症状非常相似,这不免让人有所联想。近期的医学研究发现,DDD会严重抑制人体肾上腺皮质的功能。目前,这一细胞破坏力已经在临床上用于治疗一种罕见的肾上腺癌症。

清湖的现状提出了一个公众必须面对的问题:使用强烈干扰生理过程的物质来防治昆虫,尤其是将化学药物直接引入水体,这样的防控措施是否明智可取?杀虫剂含量在湖体自然食物链中出现的爆发性递增,说明使用极低浓度的杀虫剂这一事实毫无意义。为解决一个明显又通常琐碎的小问题,却制造出一个更为严峻且不易察觉的问题,这种情况屡屡发生,愈演愈烈,清湖就是这方面的一个典型例子。杀灭蚋虫对饱受困扰的居民固然是好事,代价却是无人提及甚至可能还没有被清晰理解的风险,其最终承担者将是从清湖获取食物和饮用水的所有生命。

故意将有毒物质投入水库,这种做法越来越普遍,这个事实极不寻常。这么做的目的通常是为了推广水上娱乐项目,之后又不得不斥资恢复其饮用水的用途。某地的渔猎爱好者想要改善水库的钓鱼体验,说服权威部门将大量毒物倾倒入水库,以此杀死他们不属意的鱼种,代之以更符合渔猎爱好者口味的鱼类。整个过程给人一种爱丽丝漫游仙境的奇幻感觉。修建水库是作为一种公共水源,但渔猎爱好者的做法未曾征询附近居民的意见,居民被迫饮用含有农药残留的水,或被迫支付税费,消除无法根治的农药残留。

由于地下水和地表水都被农药或其他化学药物污染,公共供水面临被有毒、致癌物质污染的危险。美国国家癌症研究所的W.C.休珀博士警告说:"在可预见的未来,饮用水污染导致癌症的危险将大大增加。"事实上,20世纪50年代初,在荷兰进行的一项研究支持了这一观点,证明污染水道有致癌危害。在饮用水源为河水的城市里,其癌症死亡率高于水源不易受污染(比如井水)的城市。砷是最为明确的导致人类患癌的环境物质,在两次历史性的事件中,均是砷污染水源导致大面积癌症爆发。其中一次,砷来自矿山开采的矿渣堆,另一次来自天然含砷量很高的岩石。大量施用含砷杀虫剂,很容易再度引发此类事件,这些地区的土壤会变得有毒,雨水会将部分砷带入小溪、河流和水库,随后进入广阔的地下水海洋。

这些事实再一次提醒我们,自然界没有任何事物是孤立存在的。为了更清楚地认识我们世界的污染是如何发生的,我们必须考察地球的另一个基础资源——土壤。

第五章　土壤的王国

　　薄薄的土壤表层，参差不齐地镶嵌于大陆上，掌控着人类自身以及陆地其他动物的生存。没有土壤，陆上植物不能生长，而没有植物，动物便无法存活。

　　如果说以农业为主的生物依赖着土壤，那么土壤也同样依赖于生物。土壤的起源和其属性维持都与动植物生命紧密相关。某种程度上，土壤是生命体创造的，是亿万年前生命体和非生命体相互作用的神奇产物。当火山喷发出炙热的熔岩，当河水流经陆地表面冲刷着最坚固的花岗岩，当冰霜刻蚀粉碎岩石，土壤母质得以聚集在一起。然后生物开始施展创造性魔法，逐渐将这些毫无生机的物质变成土壤。岩石的首层覆盖物是地衣，其酸性分泌物加速岩石分解，使其成为其他生命的寄居地。地衣碎屑、微小昆虫外壳以及海洋生物残骸共同形成原始土壤，藓类开始在其缝隙间顽强生长。

　　生命不仅造就了土壤，种类繁多的其他生物也大量生存于土壤中。若非如此，土壤会死气沉沉、了无生机。这些生物及其活动，使得土壤有能力支撑地球的绿色植被。

　　土壤处于永恒变化状态，无始无终，持续循环。岩石风化分解、有机物腐败、氮气和其他气体随雨水从空中落下，不断生成土壤新物质。同时,生物有时会拿走土壤里的既有物质,暂时借用。微妙而又非常重要的化学变化无时不在发生,将来自水和空气的成分转化为适合植物吸收的形式。在所有这些改变中,生物体都是活跃的参与者。

土壤的黑暗王国里存在大量生物,土壤生物群研究非常有趣,同时也更易被忽略。对土壤有机物之间的联结、它们和土壤以及地上世界之间的关联,我们知之甚少。

土壤中最基本的生物组织或许是肉眼看不见的微生物:细菌及线状真菌的宿主。统计数量上多如天文数字。一茶匙表层土可能含有数十亿的细菌。尽管形体微小,一英亩肥沃土壤一英尺厚的表层土里,所含细菌宿主的重量可高达1000磅。线状细丝的放线菌数量略少于细菌,但因其形体较大,在给定体量的土壤中,放线菌和细菌重量大概相当。这些生物和一种叫作藻类的微小绿色细胞一起,共同组成土壤中的微观植物生命体。

细菌、真菌和藻类,将残体分解为无机物是促成动植物残体腐烂的主要介质。没有这些微生植物,碳和氮等化学元素无法在土壤、空气及生命组织中进行大循环运动。例如,若没有固氮细菌,即便处于含氮空气"海洋"的包围之中,植物也会出现氮饥饿。其他有机生命体生成二氧化碳,作为碳酸加速分解岩石。而另一些土壤微生物,发挥各种氧化和还原作用,转化铁、锰、硫等矿物质,变得易于为植物所吸收。

此外,土壤中存在着微小螨类和名叫弹尾虫的原始无翼昆虫,数量惊人。尽管它们形体微小,却在分解植物残体、促进森林地表垃圾缓慢转化为土壤方面发挥着重要作用。其中,有些微小生物具有令人难以置信的特殊能力。比如,有几种螨虫,能够在云杉的针形落叶中开始生长,消化其内部组织,等到螨虫发育完成后,便只剩下细胞外壳。每年落叶季节,处理数量惊人的植物残体是一项真正浩大的工程,皆由土壤里和森林地表的一些微小昆虫来完成。它们软化并吞食消化落叶,促进分解后的物质与表层土壤混合。

除了劳作不休的微小动物,土壤里当然还有不少形体较大的动物,土壤生命包括了从细菌到哺乳动物的全部类型。有些一直生活在黑暗的土壤次表层,有些只在地下洞穴里休眠或度过生命循环的特定阶段,有些则自由出入于地下洞穴和地表世界之间。总而言之,所有这些土壤生物有助于增加土壤透气性,改善植物生长层的水分排疏和渗透。

形体较大的土壤生物中,蚯蚓可能是最重要的。大约七十五年前,查尔斯·达尔文出版了《腐殖土与蚯蚓》一书。在此书中,达尔文首次向世人揭示了蚯蚓在土壤运输中发挥地质中介的基础性作用,他描述了这样一幅图景:岩石表层逐渐盖满蚯蚓从地下搬上来的细土,在最适宜的地区,一英亩土地里,蚯蚓每年搬运的泥土量可达数吨。同时,树叶和草中包含的大量有机物(六个月中每平方码①可重达 20 磅)被带入洞穴,混入土壤。达尔文的计算表明,在十年内,蚯蚓的辛勤劳作可以使土壤增厚 1—1.5 英寸②。蚯蚓的功劳还不止于此:它们的洞穴能提高土壤透气性,保持土壤良好的排水性,促成植物根系的伸展。蚯蚓的存在能够加强土壤细菌的硝化作用,降低土壤的腐败变质。有机物通过蚯蚓消化道被分解,其排泄物能够提高土壤肥力。

土壤社区因此形成一个相互交织的生命网络,各种生物彼此关联:生物依赖于土壤,而只有当土壤社区生机勃勃时,土壤才成为地球的重要组成部分。

---

① 译注:1 平方码等于 0.836 平方米。
② 译注:1 英寸等于 2.54 厘米。

我们这里担忧的是一个鲜少有人考虑的问题:无论是直接施用于土壤的"灭菌消毒剂",还是雨水冲刷森林、果园和农田的叶冠捎带而来的致命污染,这些进入土壤的有毒化学品会给数量庞大、不可或缺的土壤生物带来什么?比方说,我们使用广谱杀虫剂能杀死破坏庄稼昆虫的穴居幼虫,却不会杀死分解有机物的益虫,这种假设合理吗?又比如说,我们施用广谱真菌消除剂,并确保不会杀死树根里有益于树木吸收土壤养分的真菌,这可能吗?

事实上,科学家们大多忽略了这一极其重要的土壤生态课题,杀虫剂施用者更是漠不关心。昆虫防治人员似乎想当然地认为,土壤能够忍受并愿意承受施用毒素造成的任何侵害,绝不会反击。这个假设极大地忽视了土壤世界的真正秉性。

已有少量研究显示,农药对土壤的危害已慢慢呈现出来。这些研究结果并不一致,这不足为奇。土壤类型丰富,对一类土壤有害,可能对另一类无害。轻沙质土远比腐殖土遭受的破坏更严重,化学品混用比化学品单用更具危害。尽管研究结果存在差异,但越来越多的证据足以表明化学药品造成的危害确实存在,令很多科学家忧心忡忡。

在某些情况下,生物世界最核心的化学转化过程已受到影响。其中一个例子是将大气中氮分子转化为植物可用的硝化作用,除莠剂2,4-D会造成硝化作用暂时中断。佛罗里达州近期的几次实验显示,林丹、七氯、BHC(六氯化苯)进入土壤仅两周就会削弱土壤的硝化作用,BHC和DDT施用一年后仍存在显著的毒害作用。其他实验中,BHC、艾氏剂、林丹、七氯和DDD都会阻碍固氮菌形成豆科植物必需的根瘤。真菌和高等植物根系之间奇特而有益的关系因此遭到严重破坏。

自然界生生不息,依赖的是多种生物数量间的微妙平衡,这些平衡有时被扰乱,问题就变得棘手。当杀虫剂导致土壤里某些物种数量减少时,另一些物种数量会出现爆炸式增长,扰乱捕食与被捕食的关系。这种变化很容易改变土壤的新陈代谢活动,从而影响土壤的生产力。这些变化也可能意味着,曾经受到自然控制的潜在有害生物很可能失控,继而发展成灾害。

关于土壤中的杀虫剂,最须牢记的是其长长的残留期,不是以月计,而是动辄数年。施用艾氏剂四年后,土壤中仍能检测到少量艾氏剂残留和大量艾氏剂转化成的狄氏剂。施用毒杀芬灭杀白蚁十年后,沙土中仍有大量残留。六氯化苯在土壤中存留至少十一年;七氯或毒性更甚的衍生化学物的残留期至少有九年;施用氯丹十二年后,土壤里仍能发现高达原剂量 15% 的残留量。

看似适量的杀虫剂,施用一定年份之后在土壤中会积累到惊人的数量。氯化烃残留性强、时间长,每次施用都是在上一次数量上叠加。如果反复喷洒,"1 英亩 1 磅 DDT 是无害的"这种老套说法毫无意义。经检测,每英亩马铃薯田里 DDT 的残留量高达 15 磅,每英亩玉米田的残留量达 19 磅,每英亩蔓越莓湿地的残留量则达到 34.5 磅。苹果园土壤里残留量最高,其 DDT 累积速度与每年施用量几乎同步增长。仅仅在一个种植季里,果园喷药四次或四次以上,DDT 残留量便会达到 30 磅至 50 磅。如此年复一年地喷药,果树间土壤农药残留为每英亩 26 至 60 磅,树下土壤里的农药残留含量可达到 113 磅。

砷是造成土壤永久性毒害的典型罪魁。自 40 年代中期起,有机合成杀虫剂取代了含砷喷剂,用于防止烟草生长期的病虫害。然而,1932 年至 1952 年间,**美国种植的烟草制成的香烟里含砷量增加了 300% 以上**。后来的数据显示,实际增长多达 600%。砷毒理学权威亨利 · S. 萨特利博士认为,烟草种植园的土壤含有大量剧毒且不易溶解的铅砷酸盐残留物,这种铅砷酸盐会持续释放可溶性砷,因此,尽管有机杀虫剂已经取代含砷杀虫剂,烟草植物仍然会继续吸收原来的残留砷。萨特利博士说，种植烟草的大部分土壤已经遭受了"累积的、几乎永久性的中毒"。东地中海国家没有使用过含砷杀虫剂，所产烟草就没有出现这种含砷量增高的现象。

我们因此遭遇另一个问题。我们不仅要关注土壤里发生了什么，还必须关注被污染土壤中吸收了多少杀虫剂，有多少进入植物组织。这主要取决于土壤类型、农作物种类、杀虫剂属性和浓度。与其他类型的土壤相比，富含有机质的土壤释放毒物更少。与其他被研究的作物相比，胡萝卜吸收杀虫剂残留量更高。如果施用林丹，胡萝卜实际累积的林丹浓度高于土壤中的林丹残留量。未来，种植某种作物之前必须检测土壤里杀虫剂的含量。否则，即便不施药，作物也会从土壤中吸取足量杀虫剂，以致不适合售卖。

这种污染曾经给一家市场上领先的婴儿食品生产商造成了无数麻烦，这家公司现在不愿收购任何施用过有毒杀虫剂的水果或蔬菜。带来最大麻烦的化学药品是六氯化苯（BHC），植物根系和块茎吸收后会产生霉变味道和气味。加利福尼亚州施用过六氯化苯的农田，两年后所产甘薯仍然含有农药残留，不能用于加工生产。有一年，这家食品生产商与南卡罗来纳州签订了全部甘薯的购买合同，结果因为受农药污染的农田面积太大，这家公司最后被迫从公开市场收购所需甘薯，因此造成了严重经济损失。这些年来，很多州生产的各类水果和蔬菜都遭到拒绝。最难以解决的问题来自花生。在南部的几个州，花生常和棉花轮作，种棉花时会大量施用六氯化苯，随后在这种土壤里种植的花生会吸收大量杀虫剂。事实上，只需吸收一点六氯化苯就足以令花生产生霉臭味。六氯化苯渗入坚果就很难清除，而食品加工非但不能去除霉臭味，有时反而会加重霉味。一个食品生产商决意要杜绝六氯化苯残留物，唯一有效的方法只能是拒绝一切施用过六氯化苯的农产品，包括遭六氯化苯污染的土壤中生长的农产品。

　　有时候受到损害的是农作物本身,只要土壤被杀虫剂残留污染,这种威胁就一直存在。如豆类、小麦、大麦或黑麦等敏感植物,某些杀虫剂会减缓其根系发育或抑制幼苗生长。华盛顿州和爱达荷州蛇麻草种植者的经历就是一个案例。1955年春,危害蛇麻草根部的象鼻虫幼虫泛滥成灾,种植者开始采取大规模治理行动。在农业专家和杀虫剂生产商的建议下,人们选择七氯为防治药剂。施用不到一年,喷过的种植园里,藤蔓开始干枯死掉,未施药的地里则没有问题。施药与未施药的田地,作物是否受损泾渭分明。农民们花费大价钱在山上重新种植蛇麻草,但死根现象次年又出现了。四年后,土壤中依然有七氯残留。科学家既无法预测毒性将持续多久,也提不出改善土壤状况的任何措施。直到1959年3月,联邦农业部才意识到不能在蛇麻草农田里施用七氯,撤销了原来的施用建议,但为时已晚。许多蛇麻草种植者走上法庭要求赔偿损失。

　　只要继续施用杀虫剂,顽固的残留物就会持续在土壤中积累,人类注定最后会遭遇麻烦。1960年,一批专家在锡拉丘兹大学探讨上壤生态,达成了如上共识。这些专家总结认为,人类使用这类"威力巨大却知之甚少"的化学药品和辐射,危害极大。"人类的一些错误举措可能会毁灭土壤生产力,而节肢动物会称王称霸。"

第六章　地球的绿衣

　　水、土壤和绿色植物共同组成世界,供养着地球上的动物生命。现代人很少记得,若非植物利用太阳能量生产出人类赖以为生的基本食物,人类将无法存活。我们对待植物的态度异常狭隘。如果发现植物有任何直接效用,我们就大量栽培;如果出于某种原因发现某种植物的存在是多余的或无关紧要,我们就会立即摧毁它。除了各种对人和畜有毒或者是妨碍农作物生长的植物之外,有些植物遭到破坏是由于我们狭隘地认为它们长错了时间和地方。还有很多植物遭到灭绝,仅仅因为凑巧跟人类要除掉的植物长在了一起。

　　地球上的植物是生命网络的一部分,在这个网络中,植物与地球、植物与植物、植物与动物之间都有着亲密而重要的关系。有时候,我们不得不打破这些关联,但我们必须深思熟虑,充分了解我们的行为在遥远的时间和空间上可能引起的后果。目前,"除草"行业增长迅速,除草剂销量暴增,应用范围日益扩大,看不出丝毫的审慎态度。

　　在美国西部的三齿蒿地带,进行了一场大规模清除三齿蒿、改造为牧场的运动,这是一个盲目破坏景观的惨痛案例。这里的自然景观具有自然环境历史意义,是自然界各种力量相互作用形成的最佳生态模式,它像一本在我们面前敞开的书籍,通过它可以了解这片土地的历史以及保持土地原貌完整性的缘由。然而,这本书却无人问津。

三齿蒿的生长地带是西部高原和山脉缓坡,由数百万年前落基山脉的巨大隆起形成。这里气候极端恶劣:在漫长的冬季,暴风雪自山上呼啸而下,平原上厚厚一层积雪;夏季高温少雨,干旱严重,干燥的劲风造成植物茎叶水分匮乏。

随着地貌的演化,植物若想在这个多风的高原地带存活,必须经历漫长的试错过程。种种植物被自然淘汰之后,具备所有对抗恶劣自然条件的三齿蒿得以存活。三齿蒿这种生长缓慢的灌木能扎根于平原和高山斜坡,灰色的小叶有保水能力,能阻止强风带来的水分蒸发。广阔的西部大平原成为三齿蒿生长之地绝非巧合,是大自然长期试验的结果。

和植物一样,这里的动物也是通过适应严苛的生存条件演变而来。最终,两种动物像三齿蒿一样完美适应了栖息地的自然条件。一种是哺乳动物中敏捷优雅的叉角羚,另一种是被路易斯和克拉克称为"平原雄鸡"的艾草松鸡。

三齿蒿和艾草松鸡像是天造地设的一对。两者的生长范围高度一致,随着三齿蒿面积缩减,艾草松鸡的数量也会减少。对艾草松鸡来说,三齿蒿就是它们的一切。艾草松鸡在山麓下低矮的三齿蒿上筑巢庇护幼鸟,在三齿蒿茂密之处游荡、栖息。而三齿蒿是艾草松鸡的主要食物。当然,这种关系是双向的。松鸡求偶时的激烈场面有助于刨松三齿蒿脚下及周围的土壤,有助于三齿蒿荫庇之下的草类生长。

叉角羚也适应了三齿蒿。叉角羚是高地平原上的主要动物,它们夏天在山里度过,冬雪初降之时则迁移到低海拔地带,三齿蒿成了它们度过严冬的食物。当其他植物树叶落光时,三齿蒿终岁常青,树枝上挂满稠密的灰绿色叶子,这些叶子微苦而芳香,富含蛋白质、脂肪和必需的矿物质。即便大雪堆积,三齿蒿的顶端仍暴露在外,叉角羚尖锐的蹄子即可刨开。艾草松鸡也靠三齿蒿过冬,它们会到被风吹开的裸露岩架上寻找,也会跟随叉角羚找到那些被刨开积雪的三齿蒿。

其他动物也在寻找三齿蒿。黑尾鹿常常以此为食。三齿蒿对冬季牧场的牲畜来说意味着活命,几乎是冬季牧羊的唯一食物。一年中有半年时光,羊群都以三齿蒿为主要草料,比干苜蓿草更有能量。

恶劣的高地平原,开满紫花的三齿蒿,布满敏捷野性的叉角羚,还有艾草松鸡,形成一个完美平衡的自然系统。眼下呢?这种完美已是过去时。至少在那些人类正在试图进行自然改造的大片土地上,情况大有变化。为了满足牧场主对牧羊场的贪婪要求,土地管理部门打着改良的幌子进行改良。牧羊场意味着草场,只有牧草,没有三齿蒿。在这片天然适合三齿蒿与其他草类混生的土地上,现在的提议却是消灭三齿蒿,打造纯粹的草场。似乎很少有人去问:此地开发草场,是不是一个稳定、值得持续追求的目标?大自然给出的答案是否定的。这里很少降雨,年均降水量不能支撑优质牧草的生长,仅适合三齿蒿庇护下的多年生野草生长。

然而,三齿蒿清除计划已经实施多年,多个政府部门积极参与。该计划不仅扩大草籽的销售市场,还为收割机、深耕机和播种机等各类机械行业提供了巨大的市场空间,工业部门也因此推波助澜。化学药品喷雾剂成为该计划的新增武器,现在每年喷洒农药的三齿蒿有数百万英亩。

结果如何呢?消灭三齿蒿、改种牧草的最终成效大致可以推测出来。深谙此地土壤属性的人认为,由于三齿蒿能保存水分,让牧草生长于三齿蒿之间或三齿蒿脚下,其效果远胜于单独种植牧草。

即使该计划暂时取得了立竿见影的成效，这个地方密切关联的生物网络也已四分五裂。叉角羚和艾草松鸡随三齿蒿一起消失，黑尾鹿也受到影响，随着野生动植物的毁灭，土地会更显贫瘠。甚至连该计划的预计获益方家禽家畜也会受损。没有了三齿蒿、三齿苦木和其他野生植物，无论夏季的绿草多么丰茂，冬天风雪里的绵羊仍然要挨饿。

这些都是早期、显而易见的后果。另一后果则与人类对待大自然的"扫射"方式有关：喷洒药剂同时也会杀死很多其他非目标植物。大法官威廉·O.道格拉斯在其近著《我的荒野：东至卡塔丁山》中讲述了美国林务局对怀俄明州布里杰国家森林造成的惊人生态破坏。迫于牧场主要求增加草场的压力，林务局对大约一万英亩三齿蒿地喷洒了农药。三齿蒿被如愿灭掉，同时被杀死的还有平原上沿着弯曲溪流生长的柳树。碧绿如丝般的柳枝滋养着众多生命，驼鹿栖息于柳林间，柳树之于驼鹿，正如三齿蒿之于叉角羚；河狸也生养于柳林间，以柳枝为食，用啃断的柳枝在小溪上筑坝，将小溪隔成一个小水塘。一般山溪中生长的鳟鱼很少超过6英寸长，而这些小水塘中鳟鱼生长迅猛，许多能重达5磅。水禽也被小水塘吸引而来。柳树和依柳而存在的河狸，使得此地成为吸引游人前来垂钓打猎的绝佳休闲之处。

然而，随着林务局推行"改良"计划，柳树遭遇了与三齿蒿同样的厄运，被无差别喷洒的农药灭除。在喷洒农药的 1959 年，道格拉斯法官曾造访此地，目睹枯萎垂死的柳树，大为震惊，认为这是"难以置信的巨大破坏"。驼鹿的情况如何呢？河狸及其建造的小水塘呢？一年之后，他重访这片毁损之地寻找答案。驼鹿、河狸皆了无踪迹，没有河狸的精心维护，它们最重要的水坝已荒废，湖水干枯，大鳟鱼再也难觅踪影。小溪穿过贫瘠炎热、无遮无挡的土地,见不到任何生物的气息。这里的生命世界已遭毁灭。

　　除了每年400多万英亩牧场会喷洒农药,其他类型的土地也有可能或已经大面积接受除草的化学治理。例如,公共事业公司管辖一块约5000万英亩的土地,面积比整个新英格兰州还大,其大部分区域定期接受"灌木控制"治理。在西南部,一块大约7000万英亩的豆科灌木地需要某种治理,化学农药喷洒是最常用的。为了将硬木林从耐药性强的针叶林中清除,会对一块面积不详的大面积木材生产基地实施空中农药喷洒。自1949年起的十年间,施用除莠剂的农田面积翻了一倍,1959年时达到5300万英亩。现如今,被施药的私家草坪、公园、高尔夫球场,加起来的面积肯定是天文数字了。

　　化学除草剂是一个闪亮的新玩具,效用惊人,令使用者油然而生一种凌驾于自然之上的狂喜。而除草剂长远和隐性的后果很容易被忽视,被看作是悲观者毫无依据的想象。"农业工程师"激情谈论"化学耕种",恨不得把耕地犁头也铸成农药喷雾器。上千的村镇长官认真倾听农药推销员和经销商的热切说辞,听他们吹嘘能够轻而易举去掉路边的"灌木丛",而且比割草便宜得多。是的,也许购买农药的花费在官方报表上排列得整整齐齐;但是,真正成本除了直接的美元支出,还应该考虑许多其他成本因素。大规模化学农药广告的成本高昂,而农药对环境的长期健康和依赖环境的利益各方的影响也无法估量。

　　不妨以各地商业部门都看重的游客评价为例。农药喷洒令曾经美丽的道路两旁变得面目全非,漂亮的野花、蕨类植物、鲜花浆果点缀的本地灌木,已是一片枯焦凋残。对此,愤怒的抗议声浪日渐升高。一位新英格兰女士给当地报纸气愤地写道:"我们正把道路两旁弄得肮脏、萎黄、死气沉沉。这些耗费巨资宣传的美丽风景,已不再为游客所乐见。"

1960 年夏,缅因州的一座宁静小岛上,来自美国许多州的自然保护主义者齐聚一堂,聆听全美奥杜邦协会①会长米利特森·托德·宾汉姆的演讲。当天的主题是保护自然环境,保护从微生物到人类相互交织而成的复杂生命网络。然而,与会者在交谈中都显得愤愤不平,话题都绕不开沿途所见的风景破坏。曾几何时,路旁树木常青,长满月桂、香蕨木、赤杨和越橘树,一路行来甚是享受。现在却全都枯萎荒芜了。一位参会者如此描述 8 月份去缅因小岛的朝圣之旅:"旧地重游……缅因州公路两旁的破败凋零让我气愤。那里的高速公路两旁曾经长满野花和引人入胜的灌木,现在却是绵延数英里的枯枝败叶,满目疮痍……考虑经济效应,这般光景在游客心中造成的信誉损失缅因州承受得起吗?"

在全国轰轰烈烈开展的路边灌木整治运动中,缅因州的路边状况不过是其中一例,因为我们深爱缅因的自然美景,此事显得格外令人伤感。

康涅狄格州植物园的植物学家称,对美丽的本地灌木和野花的剿灭,已经称得上是"路边危机"。在化学药品的围攻下,杜鹃、山月桂、蓝莓、越橘、荚蒾、四照花、杨梅、香蕨木、矮棠棣、北美冬青、美国稠李和野酸梅都已奄奄一息。将本地风光装点得优雅宜人的雏菊、黑心金光菊、野胡萝卜、秋麒麟草、秋紫菀也在劫难逃。

农药喷洒不仅规划不当,还存在滥用情况。在新英格兰南方的一个小镇,一个承包商完成喷药作业之后,将喷药箱里剩余农药洒在未经许可的林地路旁,导致当地路边失去蓝紫与金黄交相辉映的秋日美景,这里本该是秋麒麟草和紫菀花竞相绽放的样子,吸引着远道而来观赏的人们。在另一个新英格兰社区,一个承包商

---

① 译注:奥杜邦协会是成立于 1905 年的美国的一家环保组织。

未经公路部门许可擅自更改州级城镇喷药规范,将路边植物喷药高度从 4 英尺提高到 8 英尺,结果留下一道宽大、扭曲、枯黄的地带。在一个马萨诸塞社区,城镇官员从热情兜售的农药经销商手里购买了除草剂,却完全不知其中含砷,随后进行路边喷洒,导致十二头牛死于砷中毒。

1957 年,沃特福德镇对路边喷洒化学除草剂,严重损害了康涅狄格州植物自然保护区的树木,没有直接喷药的大型树木也深受其害。虽然适逢春季万物滋长,橡树树叶却开始蜷曲发黄,新生嫩枝生长极为惊人,压弯了树木。半年以后,原先的粗大枝条全部凋亡,其他枝条上也落光了叶子,只剩下一派扭曲变形、枝条衰败的景象。

有一段我很熟悉的路,路旁是天然生长的一大片赤杨林、荚蒾、香蕨木和刺柏,随季节更替缀满鲜艳的各色花朵,秋季挂满如宝石般的果实。路上车流量不大,几乎没有急转弯或岔路口,灌木不会挡住司机的视线。自从工人开始进行喷药,我们放任技术改造的这个贫乏可怕的世界令人无法直视,目力所及的道路状况让人难以忍受,只想尽快逃离。不过,偶尔也有疏漏,有些地方官员们可能不够坚决或有点马虎,会出人意外地留下一些美丽的绿洲。只是这些绿洲的存在,令人们对大量已经被毁的路边景致更加难以忍受。每当在这些侥幸存活的绿地上,见到风姿摇曳的白苜蓿、如云般的紫色野豌豆花和火焰般的费城百合,我的精神总是为之一振。

在那些从事农药销售和应用的人眼里,这些植物都是“杂草”。我曾在目前定期召开的某杂草控制的会议**论文集**中读到一篇关于除草哲学的奇文。作者认为,仅凭“它们与杂草为伴”这一理由,就应该杀灭那些有益植物,还说那些抱怨除掉路边野花的人让他想起动物实验手术的反对者,“如果按他们的评判标准,流浪狗的生命比儿童的生命更神圣。"

在这篇文章的作者眼里，我们很多人毫无疑问都有性格严重扭曲的嫌疑。我们更喜欢野豌豆、苜蓿草和费城百合精致而易逝的美丽，而不是火烧过的路边景象、焦黄脆弱的灌木、曾经高昂挺立而如今干瘪低垂的欧洲蕨。我们这些人看起来脆弱得可悲，居然容忍这些"杂草"，没有为人类根除杂草、再次战胜可恶的自然而欢欣鼓舞。

道格拉斯大法官曾谈及他出席过的一次联邦农业工作会议，议论本章前述三齿蒿喷洒农药计划所引起的市民抗议。与会者认为，一位老妇人因为野花被毁而反对这个计划，简直滑稽可笑。"牧人有权追逐牧草，伐木工有权追逐树木，她不也有寻找天香百合和虎皮百合的权利吗？"这位仁慈而敏锐的大法官诘问道，"野生环境带来的美学价值，和我们从山脉中的铜矿金矿以及高山上的森林获得的财富一样多。"

当然，保护路边植被的愿望不仅仅是出于美学考虑。在大自然中，天然植被有极其重要的价值。乡村道路两旁和田野边缘的灌木丛是鸟类觅食、栖息和筑巢的地方，也是许多小动物的家园。仅在东部各州，典型的路边植物有七十来种灌木和藤蔓，其中六十五种是野生动物的重要食物。

这些植物也是野蜂和其他授粉昆虫的栖息地。人类往往意识不到自己的生活多么依赖这些野生授粉昆虫，甚至连农夫自己也很少认识到野蜂的价值，常常参与到灭蜂行动中。很多农作物和野生植物部分或全部依赖本地授粉昆虫传播花粉。数百种野蜂参与农作物的授粉，仅为苜蓿花授粉的就有一百种。没有昆虫授粉，在未开垦土地上保持和滋养土壤的绝大多数植物都会灭绝，对整个地区的生态影响深远。森林和牧场里的多种牧草、灌木和乔木都依赖本地昆虫进行繁衍。而没有这些植物，许多野生动物和牧场牲畜会缺乏食物。现在，无杂草耕种以及农药除灌木和杂草的做法，正在摧毁授粉昆虫的最后避难所，切断生命和生命之间的联结。

众所周知，这些昆虫对农业和自然景观极为重要，值得我们好好对待，不该肆意破坏它们的家园。蜜蜂和野蜂严重依赖秋麒麟草、芥菜、蒲公英这类"杂草"为幼蜂提供花粉食物。苜蓿开花之前，野豌豆花是蜜蜂的主要食物，帮助蜜蜂熬过早春难关，准备给苜蓿授粉。秋天，蜜蜂和野蜂完全依赖秋麒麟草，存储养料准备过冬。大自然本身的时序安排非常准确精细，有一种野蜂会在柳树开花的当天准时出现。了解这些事实的人并不稀少，但他们不是下令向自然大规模施用化学农药的人。

合适的栖息地对野生动物的保护非常重要，那些自以为明白的人在哪里呢？他们之中太多人坚持认为除莠剂比杀虫剂毒性小，对野生动物"无害"。因此他们说喷洒除莠剂不会造成危害。但除莠剂像雨水般被喷淋到森林、田野、湿地和牧场，已经给野生动物栖息地带来巨大变化，甚至造成永久性破坏。从长远来看，摧毁野生动物的家园和食物或许比直接杀害它们更糟糕。

大力施用农药整治路边和公共用地植被具有双重讽刺意味。喷药意在解决问题，结果却使问题更为严重。经验已经清楚表明，地毯式施用除莠剂并不能永久控制路边"灌木"，需要年年重复喷洒。更具讽刺意味的是，尽管现在有一种完全有效的选择性喷药方法，既可以实现长期控制，也可消除重复施药，可人们仍固执坚持地毯式喷药法。

治理道路和公路两侧的灌木，不应该是清除青草之外的所有植被，而是清除长势过高、阻挡司机视线或干扰公共线路的植物。这意味着整治目标通常是乔木。大多数灌木低矮，不足以构成安全隐患，蕨类植物和野花当然更不是问题。

"选择性喷药"是弗兰克·伊戈尔博士提出来的,当时他是美国自然历史博物馆公共用地灌木防控建议委员会的主任。大多数灌木群具备抵御乔木入侵的天性,选择性喷药正是利用了大自然的这一内在稳定特征。相较而言,草地更容易被乔木幼苗入侵。选择性喷药不是为了在路边和公共用地上种草,而是直接喷药清除高大乔木,同时保护其他植物。选择性喷药一般只需一次,极端顽固的植物可能需要追加一次,之后靠灌木抵御乔木的卷土重来。最有效最经济的植物治理方法,不是农药而是其他植物。

"选择性喷药"已经在美国东部部分地区进行过试验。结果表明,只要喷洒适当,测试地区植被就能稳定下来,**至少二十年内不需要再洒药**。喷药作业通常由人工背负喷雾器徒步完成,能完全控制用药量;有时将压缩机泵和农药安装在卡车底盘上,但不是地毯式喷洒。喷洒只针对乔木和那些必须清除的高大灌木,从而保护环境的完整性、野生动物栖息地的巨大价值,也没有牺牲灌木、蕨类和野花的美好。

零零星星地,有地区采纳选择性喷洒法进行植被管理。但大多数地区,根深蒂固的习惯很难消除,地毯式喷洒仍大行其道,不但持续每年消耗巨额的纳税人费用,也对生态网络造成破坏。当然,地毯式喷洒的盛行只是因为人们不了解真实情况。一旦纳税人明白有一种治理方法只需要一代人支付一次,他们肯定会站出来要求改变喷洒方法。

选择性喷洒优点很多,其中之一是能够将化学药品用量控制到最小。无需大面积喷洒,只需针对树木根部进行喷洒,因而可以将对野生动物的潜在危害减至最低。

2,4-D、2,4,5-T以及相关化合物是使用最广的除莠剂。这些药品是否确有毒,颇有争议。用2,4-D喷洒草坪并被喷雾弄湿的人,有的偶发严重的神经炎,甚至出现瘫痪。尽管这种事例并不常见,医学专家还是建议谨慎使用此类化合物。大量使用2,4-D可能会引发其他一些鲜为人知的危害。实验显示,2,4-D能干扰细胞呼吸作用的基本生理过程,能够像X射线一样破坏染色体。最新研究表明,即使是远低于致死剂量的2,4-D类和其他除莠剂,都可能对鸟类的繁殖产生不利影响。

除了直接的毒性作用,某些除莠剂还会产生奇怪的间接后果。人们发现,野生食草动物和牲畜有时会被喷过药的植物所吸引,而这些植物原先并不是它们的天然食物。如果使用的是含砷的剧毒除莠剂,这些动物对施药植物的强烈欲望必然导致灾难性后果。如果植物本身恰好有毒或长有棘刺,即便弱毒性除莠剂也会造成致命后果。比如,有毒杂草在喷药后突然对牲畜产生吸引力,牲畜会沉迷于这种不正常的食欲而死掉。兽医药文献中也有类似的例子:猪吃了喷过药的苍耳染上重病,羔羊吃了喷过药的蓟草生病,蜜蜂采食喷过药的芥菜花后中毒。野樱桃叶子本身有剧毒,一旦喷洒2,4-D,会对牛产生致命的吸引力。显然,被喷药(或采割)之后的蒿莱对牲畜产生了吸引力。狗舌草是另一个例子,除非在冬末春初牧草匮乏时,否则牲畜通常会避开这种植物。但喷过2,4-D的狗舌草会让牲畜一反常态地喜爱。

可能是农药造成植物代谢的改变,由此诱发牲畜行为的变异。喷药之后,植物体内糖含量会临时性显著增加,对许多动物更具吸引力。

2,4-D另有一个奇特作用,对牲畜、野生动物和人类都有显著影响。大约十年前的实验表明,喷洒过2,4-D的玉米和甜菜,其硝酸盐含量急剧增加。人们怀疑,高粱、向日葵、紫露草、藜草、苋菜和荨麻中也会发生类似结果。牛群对其中有些植物通常兴趣不大,但被喷过2,4-D后,牛群就吃得津津有味。一些农业专家宣称,许多牛群死亡事件都可以追溯到喷洒过农药的杂草。反刍动物的生理构造特殊,硝酸盐的增加会引起严重问题,带来危险。大多数反刍动物都有极其复杂的消化系统,包括四个腔室组成的复胃。纤维素的消化是由其中一个腔室中的微生物(瘤胃细菌)作用完成的。当反刍动物食用硝酸盐含量异常高的植物时,瘤胃中的微生物会将硝酸盐转化为剧毒亚硝酸盐,引发一系列致命反应:亚硝酸盐作用于血红蛋白,产生一种巧克力褐色物质,这种物质会牢牢锁住氧气,使其无法参与呼吸,因此不能将氧气通过肺部输送到组织,几个小时内牲畜便因缺氧死亡。这样便能合理解释牲畜食用喷洒过2,4-D的植物后死亡的各种报道。如鹿、羚羊、绵羊和山羊这样的反刍野生动物,也存在同样的危险。

尽管导致硝酸盐含量增加的因素多样(例如异常干燥的天气),但大幅飙升的2,4-D销量和用量所产生的恶果不容忽视。威斯康星大学农业实验站对此非常重视,认为足以支撑1957年发布的警告:"2,4-D清除的植物可能含有大量硝酸盐。"植物硝酸盐增多不仅危害动物,也危及人类,这或许能够帮助解释最近接连发生的奇怪的"粮仓死亡"事件。含有大量硝酸盐的玉米、燕麦或高粱入库存贮后,释放出有毒的一氧化氮气体,对进入粮仓的人造成致命危险。只需吸入少量这样的气体,就能导致化学扩散性肺炎。明尼苏达大学医学院研究的一系列类似病例中,只有一人侥幸存活下来。

见识卓绝的荷兰科学家C.J.布雷约概括除草剂使用情况时如此说:"面对自然,我们又一次像大象闯进瓷器店那样横冲直撞。我认为人类过于想当然,不知道农作物中是不是所有杂草都有害,或者有些其实是有益的。"

很少有人追问,杂草和土壤之间是什么关系?即使从狭隘的自我利益角度去看,杂草也可能对土壤有益。我们知道,土壤与生长于其间和表面的生物相互依存,互相滋养。杂草从土壤汲取养分,但可能也对土壤有所馈赠。最近,荷兰某市的几个公园为我们提供了实证。公园的玫瑰花生长出了问题,土壤样本显示受到了线虫的严重侵染。荷兰植物保护局的科学家没有建议喷洒农药或土壤整治,反而推荐在玫瑰里间植金盏菊。在正统人士眼里,金盏菊是玫瑰园圃里毋庸置疑的杂草,但其根部能分泌一种杀死土壤线虫的物质。这个建议得到采纳,一些花圃间种金盏菊,一些没种作为参照。结果令人讶异,间种金盏菊的玫瑰长势喜人,对照花圃的玫瑰则恹恹耷拉。现在很多地方种植金盏菊来防治土壤线虫。

同理,我们或许尚未知晓,那些被无情根除的植物对保持土壤健康很有必要。被蔑称为"杂草"的天然植物群落是土壤健康状况的重要指标,当然,施用化学除草剂的土壤中就失去了这个指标。

那些试图用喷药解决所有问题的人,忽略了一个具有重要科学意义的事情:保护天然植物群落是必要的。我们需要这些植物群落作为标准,衡量人类活动对自然带来的改变。我们也需要这些植物群落作为昆虫和其他微生物的野生栖息地,以维持其原始种群,本书第十六章将会解释杀虫剂抗药性正在改变昆虫以及其他生物的遗传因素。曾有科学家建议,在昆虫、螨虫等基因结构进一步改变前,建立专属"动物园"加以保护。

有些专家警告说,持续增加使用除莠剂,会对植物造成细微但影响深远的植被变化。2,4-D 除莠剂清除阔叶植物的同时,会导致野草因失去竞争而疯狂生长,有些野草自身已经变为需要控制的"杂草",引发新一轮除草循环。最近一期讨论农作物问题的专业期刊提及了这种异常情况:"随着 2,4-D 广泛用于控制阔叶杂草,禾本科杂草已日益成为玉米和大豆产量的威胁。"

枯草热的病原豚草是个非常有趣的例子,展示人类控制自然的努力有时反而是自食其果。人们以控制豚草为名,向道路两旁喷洒了数千加仑的化学药品。不幸的是,地毯式喷洒没有减少豚草,反而导致其大量滋生。豚草是一年生植物,需要开阔土地才能出苗。因此,防治豚草的最佳手段是维持其周围灌木、蕨类和其他多年生植物密集生长。频繁喷药破坏这些保护性植被,形成空阔裸露的区域,以致豚草迅速出苗生长。另外,空气中的花粉可能不是来自路边豚草,而与城市空地和休耕农田里的豚草有关。

马唐草除草剂的热销是这类不可靠除草手段的又一例证。比起年复一年喷洒马唐草除草剂,更经济有效的方法是建立一种竞争环境,让马唐草无法生存。马唐草只能在不健康的草地才能生存,这是其生长特性,而非植物疾病。马唐草需要空阔地带才能出苗,因此保持土壤肥沃以促使我们想要的草种蓬勃生长,就能较好地遏制马唐草的生长。

然而,郊区居民没有治理植物生长的基本环境,而是继续听从那些受农药生产商蛊惑的苗圃员工的建议,每年在自家草坪施用数量惊人的马唐草除草剂。许多化学药品含汞、砷和氯丹等有毒物质,商品名称中却没有标示任何成分属性。若按照推荐用量喷洒,草坪上会有大量农药残留。例如,有一种农药,如果按照使用说明喷洒,就相当于向每英亩土地投放 60 磅氯丹,如果替换成另一种农药,就相当于在每英亩土地上投放 175 磅砷。如第八章所述,因此造成的鸟类死亡令人痛心,但对人类有多致命尚属未知。

对路边及公路两旁植被进行选择性喷洒,这种成功实践让人看到健康生物防治的希望,农田、森林和牧场的其他植被治理项目,都可以采用此类做法。这种方法不以消灭某一种植物为目的,而是把植被当成生物群落来管理。

还有其他实实在在的成就显示人类在植被防治方面的能力。生物防治在遏制不想要的植物方面取得了显著成果。现在困扰我们的许多问题,大自然也曾遇到过,并以自己的方法成功解决。如果人们具备足够的智慧去观察和模仿自然,也一定能取得成功。

在防治不需要的植物这一领域,加利福尼亚州的克拉马斯草治理是一个著名案例。克拉马斯草,又名山羊草,原产地是欧洲(也称圣约翰草),随欧洲西迁移民美国,于1793年首次出现在宾夕法尼亚州兰卡斯特市附近。1900年传至加利福尼亚州克拉马斯河附近地区,并因此地而得名。1929年,克拉马斯草已经占据大约10万英亩牧场,到1952年,它入侵的土地达到250万英亩左右。

克拉马斯草与三齿蒿等当地原生植物非常不同,不仅在当地生态中没有它的位置,也没有动物或其他植物需要它。相反,凡是克拉马斯草出现的地方,牲畜食用之后就会变得"浑身疥癣、口腔疼痛、瘦弱多病"。克拉马斯草宛如获得了"第一抵押权",被其入侵的土地价格随之下跌。

克拉马斯草在欧洲从未成为问题,因为很多种昆虫伴随克拉马斯草生长,它们大量噬食克拉马斯草,从而扼制其泛滥成灾。特别是法国南部的两种豌豆大小的金属色甲虫,完全与克拉马斯草相生相伴,以克拉马斯草为食,靠克拉马斯草繁殖后代。

1944年,这两种甲虫首次被运到美国,开启北美洲利用食草昆虫控制植物的首次尝试,具有重要的历史意义。到1948年,这两种昆虫已经积累了一定数目,无需再进口。人们首先从原生地收集甲虫,再以每年上百万只的数量投放出去,甲虫扩散得以完成。在较小区域内,甲虫能自行扩散,一旦克拉马斯草死光,它们就继续扩散,精准地找到新领地。随着甲虫不断遏制克拉马斯草,被排挤的有益植物得以恢复生长。

1959年完成的一项为期十年的调查表明,克拉马斯草锐减至最初数量的1%,甲虫生物治理"非常有效,甚至超越了积极倡议者的预期"。甲虫的繁殖非但无害还很有必要,人们需要保持一定数量的甲虫种群,防止未来克拉马斯草再度增长。

澳大利亚也有一个花费较少却极其成功的杂草治理案例。殖民者通常喜欢携带植物或动物进入新的国家。1787年,亚瑟·菲利普上尉将多种仙人掌带入澳大利亚,打算用来饲养染色用的胭脂虫。一些仙人掌从他的花园蔓延出去,到1925年,在野外发现了大约二十种。在这片新土地上,由于不受自然控制,仙人掌的传播速度极快,最终占据了大约6000万英亩的土地,其中至少一半土地因仙人掌密集生长而变得毫无用处。

1920年,澳大利亚昆虫学家被派往北美洲和南美洲,研究当地仙人镜的昆虫天敌。经过对几个物种的反复试验,1930年,三十亿颗阿根廷蛾卵被投放到澳大利亚。七年后,最后一块密集生长的仙人镜地区被清理,一度不宜居的地区又可以供人们居住和放牧了。整个运作成本低于每英亩一便士。相形之下,早年效果不如人意的农药防治花费高达每英亩约十英镑。

这两个例子表明,根除多种不需要的植物,最为有效的办法或许是关注食草昆虫的作用。在所有食草动物中,这些食草昆虫可能是最挑食的,但它们高度专一的摄食习惯很容易为人类所用,牧场管理学却在很大程度上忽视了这一可能性。

第七章　无谓的毁坏

人类在实现征服自然这一既定目标的进程中,留下了令人沮丧的纪录,不仅破坏了人类自身居住的地球,也危害共享地球的其他生命。最近几个世纪见证了极其黑暗的人类历史篇章:屠杀西部平原牛胭脂鱼,职业猎人疯狂捕杀海鸟,几近灭绝性地猎杀白鹭以获取羽毛。如今,在斑斑劣迹之上,我们添加了新篇章,一种新破坏:肆意向大地喷洒化学杀虫剂,直接杀灭鸟类、鱼类和哺乳动物,几乎危及所有类型的野生动物。

在试图征服自然的理念指引下,没有什么能够阻挡人类使用喷雾枪。在灭杀昆虫的征战中,人类对意外受害者毫不在意。如果知更鸟、稚鸡、浣熊、猫,甚至牲畜凑巧和要消灭的昆虫同居而遭遇杀虫剂毒害,没人应该对此抗议。

如今,那些主张给受害野生动物以公平待遇的人处于两难境地。一方面,自然保护者和众多野生生物学家断言,杀虫剂造成了严重损失,有些甚至是灾难性的。另一方面,防控部门则完全否认杀虫剂的危害,声称即便有也无足轻重。我们应该接受哪种观点?

证人的可靠性至关重要。野生生物专家从事野外研究,最有可能发现且最有资格解释野生生物的损失情况。昆虫学家专注于昆虫研究,囿于所受专业训练,在心理上也不愿找寻昆虫防治计划造成的不良效果。然而,州政府和联邦政府昆虫防控人员(当然也包括化学药物制造商)仍矢口否认生物学家所报告的事实,宣称并未看到野生动植物受害的证据。如《圣经》故事中的祭司和利未人一样,他们选择视而不见。即使我们善意地将他们的否认归于专家们和利害相关者的短视,也不意味着我们必须将他们看作有资质的证人。

想形成自己的判断,最好的办法是调查一些大型昆虫防治计划,请教熟悉野生动植物习性、不偏袒化学药物的观察者:当毒药如大雨般从天而降,野生生物世界发生了什么变化?

对于观鸟者、在自家花园赏鸟为乐的郊区居民、猎人、渔夫或荒野探索者来说,任何对野生动植物的破坏,哪怕仅仅持续一年,也是剥夺了他们依法享受的愉悦。这个观点完全合理。有时候,单次喷洒农药之后,某些鸟类、鱼类和哺乳动物能自行恢复,但真实和巨大的危害已经造成。

不过,这样的种群恢复可能性很小,喷药一般都是反复进行,能够令野生动植物自行恢复的单次喷药极为少见。通常结果是毒化环境,形成致死陷阱,原住和迁徙而来的野生动物都无法幸免。喷洒面积越大,危害越严重,安全的绿洲已不复存在。过去十年里,昆虫治理计划喷洒的面积高达数千甚至数百万英亩,私人或社区喷洒农药也在持续飙升,美国野生生物的破坏和死亡不断累积创下纪录。让我们一起来审视这些项目,看看都发生了什么。

1959年秋季,在密歇根州东南包括底特律郊区在内的约2.7万英亩土地上,进行了地毯式艾氏剂(最危险的氯化烃化合物之一)空中喷洒。此计划的目的是防治日本丽金龟,由密歇根州农业部门和美国农业部共同执行。

然而,并无证据证明这么激烈而危险的措施是必要的。相反,密歇根州最负盛名、知识最渊博的博物学家沃尔特·P.尼凯尔对此持反对意见,尼凯尔毕生致力于田野研究,每年夏天都在该州南部花费大量时间,他说:"三十多年来,以我的直接经验,底特律市的日本丽金龟数量一直不多,从未出现明显增长。除了在政府放置的捕虫器里见过几只,迄今(1959 年)我还没在底特律见过日本丽金龟……我不知道丽金龟数量是怎么增加的,一切都处于保密状态,我无法获得任何信息。"

密歇根州官方部门仅仅通报说,计划对已"出现"日本丽金龟的区域实施空中喷洒。尽管缺少充分理由,这个计划还是实施了,州里提供人力并监督执行,联邦政府提供设备和额外人手,社区支付杀虫剂费用。

日本丽金龟被引入美国纯属意外。1916 年,人们首次在新泽西州里弗顿附近苗圃里发现了几只绿得发亮、闪着金属光泽的甲虫。起初人们无法识别这些甲虫,后来才确认是来自日本主岛的一种常见生物。这些甲虫显然是在 1912 年限制条例实施之前,随苗圃的进口货物进入美国的。

入境美国后,由于气温和降雨适宜,日本丽金龟快速广泛地扩散到密西西比河东部的很多州。每年都会超越原有地盘边界向外扩张。在丽金龟入侵时间最长的东部地区,人们一直努力尝试自然防控。很多记录显示,凡是实施自然防控的地方,日本丽金龟的数量被控制在较低范围内。

尽管东部地区已经有合理控制的经验,处于日本丽金龟入侵边缘区域的中西部各州却不惜动用毒性最强的化学药物,对这种危害性平平的昆虫发起了一场最为致命的攻击,致使大量居民、牲畜和所有野生动植物都暴露在剧毒农药之下。结果,这些日本丽金龟灭杀计划不仅给动物带来惊人的毁灭,也给人类带来无法否认的危险。以治理甲虫为名,密歇根州、肯塔基州、艾奥瓦州、印第安纳州、伊利诺伊州以及密苏里州的许多地区都经历了一场化学毒雨。

密歇根州是最早对日本丽金龟实施大规模空中农药喷洒的一个地方,之所以选用艾氏剂这种致命化学药物,不是因为艾氏剂适于控制日本丽金龟,而仅仅是为了省钱。艾氏剂在可用化合物中价格最低廉。虽然州政府向新闻界发布官方消息时承认艾氏剂"有毒",却又暗示在人口稠密的地区使用这种药剂不会危及人们。(有人问:"我应该采取什么预防措施?"官方回应:"不需要任何预防措施。")随后,关于喷洒农药的影响,当地媒体引用联邦航空局一位官员的话说:"这是一个安全操作。"底特律公园与休闲娱乐部门的代表进一步保证说:"这种药粉于人无害,不会危及植物或宠物。"人们只能假设,这些官员无人看过美国公共卫生署、鱼类及野生动植物管理局公开发表、唾手可得的分析报告,也没有查阅过有关艾氏剂含剧毒的其他证据。

根据密歇根州害虫防控法律,州政府无须通知或取得土地所有者的同意,可以直接进行无差别药物喷洒,无数喷洒飞机开始在底特律上空开展低空作业。忧心忡忡的市民们打爆了市政府以及联邦航空局的电话。据《底特律新闻报》报道,警察在一个小时内接听了近八百个电话之后,请求广播电台、电视台和报纸"告诉民众所见飞机是怎么回事,告知他们这是安全的"。联邦航空局安全官员向公众保证:"这些飞机处于严密监控中",以及"低飞是经过授权的"。为缓解公众恐慌,这位安全官员甚至错误地补充说飞机有紧急阀门,可以随时倾倒所载全部药品。幸运的是,这个功能没派上用场。然而,飞机执行任务时,杀虫剂颗粒同时落到丽金龟和人们身上,号称"无害的"毒雨倾洒在购物或上班的人身上,落在离开学校外出吃午餐的孩子身上。家庭主妇清扫门廊和人行道上的小颗粒,她们说"看起来像雪花一样"。后来,密歇根州奥杜邦协会指出:"屋顶瓦片之间,屋沿水槽中,树皮和树枝裂缝中,落满数以百万的白色小颗粒,它们由艾氏剂和黏土混合而成,比针尖还小……等到雨雪降临,每个小水洼都可能致命。"

喷药之后几日内,底特律奥杜邦协会就开始收到有关鸟类的电话。协会秘书安·鲍尔斯女士说:"周日上午,我接到一位女士打来的电话,她从教堂回家的路上看到大量已死或垂死的鸟,这显示人们开始担忧喷药后果。这个地区是周四喷洒过药物。这位女士说附近根本看不到飞鸟,她家后院发现了至少十二只死鸟,还说她的邻居发现了死松鼠。"那天,鲍尔斯女士接到的所有其他电话都报告说:"好多鸟死了,没有一只活的。院子里设有饲鸟器的人也说,饲鸟器附近根本看不到鸟儿。"人们捡到的鸟儿已经濒临死亡,均呈现出典型的杀虫剂中毒症状:浑身战栗,无力飞翔,瘫痪和惊厥。

鸟类并非唯一直接受害的生物。当地的一位兽医说,他的诊所挤满了带着忽然病倒的猫狗来看病的人。猫喜欢仔细梳理皮毛、舐爪子,病情似乎最严重。主要症状是严重腹泻、呕吐和惊厥。兽医唯一能给的建议是尽量不让动物外出,一旦出了门,回来后尽快清洗爪子。(水果或蔬菜上的氯化烃无法洗掉,估计这个办法提供的保护很有限。)

尽管底特律地区健康委员会主席坚称鸟儿是被"其他喷雾类药物"所杀,人们接触艾氏剂后出现喉咙和胸部疼痛也肯定是"其他原因"造成的,当地健康部门却源源不断地收到投诉。底特律一位知名内科大夫在一小时内被请去诊治四位病人,他们都是在观看飞机洒药时接触到艾氏剂,其症状相似:恶心、呕吐、发冷、发热、异常疲劳、咳嗽。

各地迫于压力也对日本丽金龟实施化学防控,所以底特律的情形在其他很多地方反复重演。人们在伊利诺伊州兰岛捡到了几百只垂死或已死的鸟儿,从给鸟类系足环的工作人员那里收集来的数据说明,80%的鸣禽无辜丧命。1959年,伊利诺伊州乔利埃特市对约3000英亩土地喷洒了七氯,当地运动员俱乐部报告说,施药区域内的鸟类"彻底绝迹"。随处可见大量死亡的兔子、麝鼠、负鼠和鱼,当地一所学校因此建立了一个科学项目,专门收集被杀虫剂毒死的鸟儿。

为了造就一个没有甲虫的世界,伊利诺伊州东部的谢尔登和易洛魁县周边地区付出的代价可能最为惨重。1954年,美国农业部和伊利诺伊州农业部门沿着日本丽金龟入侵该州的路线开展灭绝运动。他们对广泛喷洒药剂能扑灭入侵昆虫充满希望和信心。这一年,进行了第一次"灭绝",对1400英亩土地实施狄氏剂空中喷洒。1955年,又对另外2600英亩土地采取了同样措施,当时认为灭杀任务即告完成。然而,施用的化学药剂越来越多,截止1961年底,农药喷洒面积已达131000英亩。计划施行的最初几年,野生动植物和家畜严重受害的情况已是显而易见。尽管如此,在没有咨询美国鱼类及野生动植物管理局或伊利诺伊州狩猎管理处的情况下,化学治理继续进行。(然而,1960年春,联邦农业部官员们却在国会委员会上反对一项要求事先征求意见的议案。他们委婉地表示,合作与协商都是"常态",该议案是多此一举。这些官员想不起来的是,曾经在"联邦层面"上发生过不合作的情形。在那次听证会上,他们明确表示不愿意和各州渔猎部门协商。)

虽然资助化学防治的资金源源不断,想要测定化学防治对野生动植物危害的伊利诺伊州自然历史调查所的生物学家却严重缺少资金。1954年,用于雇用野外助手的经费只有1100美元,1955年则完全没有专项拨款。尽管困难重重,生物学家们仍然收集到证据,集中呈现出一幅史无前例的野生动植物被毁图景,这种毁灭在启动治理计划之初就已显现出来。

食虫鸟类的中毒情况不仅与所用杀虫剂有关,也取决于施药方式。谢尔登地区早期项目中,每英亩喷洒3磅狄氏剂。实验室里用鹌鹑做实验的结果显示,狄氏剂毒性是DDT的五十倍,只需要记住这点,就能了解狄氏剂对鸟类的影响。因此,谢尔登每英亩土地上喷洒的狄氏剂相当于150磅DDT!这只是最小值,因为人们会在农田边界和角落附近重复喷洒农药。

化学药剂渗入土壤后,中毒的甲虫幼虫从土里爬出,毒发死亡之前在地面会继续存活一段时间,能够吸引食虫鸟类。施药两周后,土壤表面仍会出现各种死亡或濒死的昆虫,由此很容易预测施药对鸟类数量的影响。褐色长尾鲨鸟、椋鸟、百灵鸟、白头翁和雉鸡实际上已绝迹。根据生物学家的报告,知更鸟"几近灭绝"。一场小雨之后,会发现很多死蚯蚓;知更鸟可能食用了这些毒蚯蚓。对其他鸟类来说也如此,在剧毒药剂邪恶力量的作用下,曾经有益的雨水化身为毁灭使者。喷药几天后,鸟儿在雨水留下的水洼里喝水和洗澡,都无可避免地被判死刑。

幸存下来的鸟儿则可能丧失了繁育能力。虽然在施过农药的地方仍能见到几个鸟窝,里面含鸟蛋的却很少,且没有一个孵出雏鸟。

哺乳动物中,地松鼠实际上已灭绝,尸体显示出中毒暴毙的症状。喷药地方发现有死麝鼠,田里有死兔子。狐松鼠本是城镇里四处可见的动物,喷药之后踪迹全无。

对日本丽金龟开战之后,能在谢尔登地区农场见到猫的踪迹是幸运的。第一轮狄氏剂喷药后,农场里90%的猫都中毒死亡了。这种情况原本是可以预见、避免的,因为其他地区早有类似的黑暗记录。猫对所有杀虫剂(尤其是狄氏剂)都极为敏感。世界卫生组织在爪哇岛西部实施抗疟项目过程中,曾有大量猫中毒死亡的报告。在爪哇岛中部,由于猫死亡太多,导致猫价飙升一倍多。与此相似,世界卫生组织在委内瑞拉喷洒药物后,猫的数量锐减,变成了稀有动物。

在谢尔登灭杀昆虫的运动中,不仅是野生动植物和家养宠物遭殃,对羊群牛群的观察表明,它们已受到中毒和死亡的威胁。自然历史调查所的报告描述了其中一个情景:

> 羊群……从一片在 5 月 6 日喷洒过狄氏剂的田地,沿着一条砂石路被赶到对面小小的、未曾施药的蓝草牧场上。羊群几乎立即出现中毒症状,显然一些药粉越过沙石路飘落到牧场上……(羊群)不愿吃草,极度烦躁不安,沿着牧场篱笆不停打转,显然在寻找出口……不服驱赶,不断流血,耷拉着脑袋站着;最后被带离牧场……羊群显得极度嗜水。在流经牧场的小溪中发现了两只死羊。经过反复驱赶,余下的羊才离开小溪,有几只被强力拉拽才肯离开。最后,又死掉三头羊。存活下来的,看上去恢复如常。

这是 1955 年底的状况。尽管随后化学战争持续多年,涓涓细流似的研究资金却几乎完全干涸。自然历史调查所每年提交给伊利诺伊州立法机构的经费预算里,都列入了野生动植物与杀虫剂研究专项经费,而这项经费申请总是最先被砍掉。直到 1960 年,终于弄到一笔钱支付野外调研助手的费用,而这位助手一个人要承担四个人的工作量。

从 1955 年研究中断到 1960 年生物学家重启研究,野生动植物受荼毒的景象几乎没有任何改善。而化学药品已经变为毒性更强的艾氏剂,鹌鹑实验表明,艾氏剂毒性为 DDT 的**一百到三百倍**。到 1960 年,该地区生活的每种野生哺乳动物都受到了损害。鸟类情况更为严重,多诺文镇的知更鸟、白头翁、椋鸟、褐色长尾鲨鸟都已绝迹。在其他地区,这些鸟和其他多种鸟类数量锐减。专门捕猎稚鸡的猎人对甲虫之战的后果感受最为敏锐。在喷过农药的地区,鸟窝数目减少了约50%,每窝孵出的小鸟数量也少了。前几年这些地方曾是打稚鸡的好去处,如今猎获太少,已经无人问津。

以扑灭日本丽金龟的名义,易洛魁县在八年里对10万多英亩土地做了化学治理,造成了巨大损失,而日本丽金龟仅仅是被暂时抑制,其西进运动从未中断。这个收效甚微的治理项目到底造成了多大代价损失,可能永远也不为人知,伊利诺伊州生物学家估测的结果只是一个最小值。如果研究经费充足,允许全面调查,可能会揭示出更加骇人的破坏情况。在实施灭杀计划的八年间,生物学田野调研仅获得6000美元的经费支持。而联邦政府在此期间用于防虫控制的费用高达375000美元,州政府也额外投入了不少资金。因此,在整个农药防控项目中,用于研究的经费仅占全部经费的1%。

中西部受极度恐慌的情绪支配开始实施日本丽金龟防控项目,仿佛丽金龟西进已经造成极大危险,需要不惜一切代价进行阻止。这当然与事实不符,在这些遭受化学农药毒害的城镇,人们如果了解日本丽金龟进入美国的早期历史,肯定不会默许这一切。

东部各州非常幸运,日本丽金龟入侵时,合成杀虫剂尚未发明。东部不仅成功地遏制住日本丽金龟的入侵,所用方法也没有危及其他生物。与底特律和谢尔登的大面积喷洒农药相比,东部地区就像什么也没有发生似的。东部采用的有效方法是引入自然调控作用,具备效果持久和环境无害的多重优势。

日本丽金龟进入美国的最初十几年里,由于没有原生地生物约束而快速增长。但是到1945年,日本丽金龟在其扩张的大部分地带只是一种危害性不大的害虫,其数量下降主要得益于自远东引进的寄生性昆虫和致命病原体的建立。

1920 年至 1933 年间，经过在日本丽金龟原生地的不懈研究，美国从东方国家进口了三十四种捕食性或寄生性昆虫，以建立自然控制。其中五种在美国东部存活下来。抑制效果最好、分布最广的是来自朝鲜及中国的一种寄生性黄蜂——**臀钩土蜂**。雌**臀钩土蜂**在土壤中发现丽金龟幼虫之后，会向幼虫体内注入液体令其麻痹，并同时在幼虫表皮下面产下自己的一个卵。幼蜂孵出之后则以麻痹的丽金龟幼虫为食，直至消灭对方。在大约二十五年里，通过州政府和联邦机构的合作计划，东部十四个州引进了这种**臀钩土蜂**。它们在该地区大面积定居，昆虫学家普遍认为这种黄蜂在控制丽金龟方面起到了重要作用。

一种细菌性病害发挥了更为重要的作用，能影响日本丽金龟所属的整个金龟子科。这种病害非常特殊，不会侵害其他类型的昆虫，对蚯蚓、温血动物和植物都无害。这种细菌的芽孢生长于土壤中，日本丽金龟幼虫吞食后，芽孢会在幼虫血液里以惊人的速度繁殖，致使幼虫变成异常的白色，因此该病俗称为"乳白病"。

1933 年，乳白病首次出现在新泽西州，到 1938 年，这种病在日本丽金龟较早入侵的区域已是相当普遍。1939 年启动了一项旨在促使该病加速传播的治理计划。当时还无法在人造媒介里培养这种病原体，但有一个满意的替代方法：把感染病原体的幼虫磨碎、晾干，与白垩土混合。混合标准是一克土含一亿个芽孢。1939年至 1953 年期间，东部 14 个州约 9.4 万多英亩土地接受了联邦与州的合作防控计划，隶属联邦政府的土地也照此办理，另有大片不为人知但面积广阔的地区接受了私营机构或个人的防治。1945年，乳白病已经蔓延到康涅狄格、纽约、新泽西、特拉华和马里兰等各州的日本丽金龟活动区。在一些实验区，幼虫染病率高达94%。1953 年，政府停止了该项目，转交给私人实验室负责，继续给个人、园艺俱乐部、市民协会以及其他需要防治丽金龟的人提供服务。

　　该防控计划施行后,东部各地已经实现了对日本丽金龟的良好自然控制。这种细菌能在土壤中存活好多年,通过自然媒介持续扩散,有效性不断增强,可谓形成了永久性防控,满足了人们所有意图和目标。

　　既然东部取得了如此显著的成就,为什么伊利诺伊州和中西部其他各州没有尝试同样的方法,反而对日本丽金龟发动了疯狂的化学农药战?

　　有人说,乳白病接种的防控方法"太过昂贵",但20世纪40年代东部十四个州无人这么认为,不知"太过昂贵"的结论是通过哪种方法计算出来的?很显然,这个判断没有计入谢尔登市农药喷洒造成全面破坏的真正代价。这个判断还忽略了这样一个事实:芽孢接种仅需一次,第一次费用是唯一的费用。

　　也有人说,乳白病不能在日本丽金龟分布区的外围地域使用,因为它们只能在日本丽金龟幼虫**已然**密集的地方存活。与其他许多支持喷药的说法一样,这个说辞也值得怀疑。引起乳白病的病原体可以感染至少四十种其他甲虫,这些甲虫的合计分布范围十分广泛,即便在日本丽金龟数量很少甚至完全不存在的地方,该病原体也能够导致乳白病的传播。此外,由于芽孢在土壤中的存活时间很长,即便在缺乏日本丽金龟幼虫的地区,也可以像目前日本丽金龟感染地区的边缘地带一样引入芽孢,等待蔓延过来的日本丽金龟。

　　那些不惜一切代价、指望立竿见影的人,无疑会继续使用化学农药灭杀日本丽金龟。那些热衷"内置报废"①现代潮流的人也

---

　　① 译注:内置报废(built-in obsolescence),指一种人为的产品内在废弃设计,使产品不耐用,以便厂商推销新产品。

是如此，因为化学防控的自我延续，需要频繁、昂贵的反复喷洒。

另一方面，那些为了圆满结果愿意多等一两个季节的人，则会采用乳白病防治法。随着时间流逝，他们将获得持久控制的回报，效果不会减弱，反而会越来越强。

位于伊利诺伊州皮奥瑞亚的美国农业部实验室正在开展广泛研究，研发人工培养乳白病病原体的方法。这将极大降低生产成本，有利于该防控技术的广泛应用。经过数年努力，已有一些成功的报道。如果实现全面的"突破"，我们在防控日本丽金龟时或许能够重拾中西部灭杀噩梦中丧失的理智和远见。

伊利诺伊州东部农药喷洒这类事件引发的不仅是科学问题，也是道德问题。是否有一种文明，它能够对其他生命发动残酷战争，既不毁灭自己，也不会丧失被称为"文明"的权利？

这些杀虫剂的毒性不具有选择性，不会针对我们希望除去的物种。人们选择这些杀虫剂的简单理由是，它们是致死毒药。因此，所有接触过农药的生命都会中毒，从家庭钟爱的小猫、农民的耕牛、田野间的兔子到空中飞过的角云雀。这些无辜的生物对人类没有任何伤害，实际上，这些生物及其同伴的存在让人类生活更为幸福愉悦。然而，源自人类的回报却是突如其来的可怖死亡。谢尔登市的科学观察者如此描述一只垂死百灵鸟的症状："它失去了肌肉的协调能力，不能飞翔、站立，只能侧躺着，却不停拍打着翅膀，握紧爪子，大张着嘴，呼吸很吃力。"更为可怜的是死去地松鼠的无声控诉，"呈现出一种典型的死亡形态，背部弓起，前爪紧紧蜷缩在胸前……头颈竭力外伸，嘴里含着泥土，说明其临死前一直在啃咬地面"。

在这样一种生灵涂炭的行动中保持沉默，我们之中还有谁不枉为一个人？

第八章　鸟儿不再歌唱

如今,美国越来越多的地方,春天没有回归的鸟儿报春,清晨曾经充满鸟儿美妙的鸣唱,现在却异常安静。鸟鸣声突然沉寂,小鸟赋予我们这个世界的色彩、美丽和趣味也随之消失。这些变化突然来临,毫无征兆,尚未受影响的社区对此一无所知。

1958 年,伊利诺伊州欣斯代尔镇一位绝望的家庭主妇给世界著名鸟类学家、美国自然历史博物馆鸟类馆名誉馆长罗伯特·库什曼·墨菲写信说:

> 几年来,我们村子一直给榆树喷药。六年前我们刚搬来的时候,这儿有很多种鸟儿。我搭建了一个饲鸟架,整个冬天,北美红雀、山雀、绒毛鸟和五子雀络绎不绝地过来觅食。到了夏天,北美红雀和山雀还会携带幼鸟而来。

> 喷洒 DDT 几年后,知更鸟和椋鸟在小镇几乎绝迹;我的饲鸟架上已经整整两年没有山雀光临,今年连北美红雀都消失不见了;似乎只剩一对鸽子和一窝猫鹊在附近筑巢。

> 孩子们从学校里学过,联邦法律禁止捕杀鸟类,我很难解释说这些鸟其实是被人杀死的。孩子们问我:"小鸟会回来吗?"我无法回答。榆树快死了,鸟儿也快死了。**有没有采取什么措施? 可以采取什么措施? 我能做些什么?**

为了消灭火蚁，联邦政府实施了大规模的喷药计划。一年后，亚拉巴马州一位女士写道：

> 半个多世纪以来，我们这里一直是名副其实的鸟类保护区。去年7月，大家还在感叹："今年鸟儿比往年都多。"到了8月第二个星期，突然之间，鸟儿消失得无影无踪。我习惯每天早起照料心爱的母马，她刚生了小马，如今起床后听不到一声鸟鸣。这太怪异、太可怕了。人类到底对这个完美动人的世界做了什么？五个月后，终于飞来了一只冠蓝鸦和一只鹪鹩。

她提到的那年秋天，美国最南部也有令人沮丧的报告传来。全美奥杜邦协会和美国鱼类及野生动植物管理局联合发行的季刊《野外记录》也提到了这一令人震惊的现象，密西西比州、路易斯安那州和亚拉巴马州都出现了"**完全没有**鸟类存在的空白区域"。《野外记录》的报告来自经验丰富的鸟类观察员，他们都有多年的野外工作经验，对所在地区鸟类的生活习性无比熟悉。其中一位观察员报告称：那年秋天她开车行驶在密西西比州南部，"很长一段路都看不到一只陆鸟"。另一位在巴吞鲁日市的观察员报告说：她放在饲鸟架上的饲料"连续数周"都没有被动过。往年这个时候，她家院子里灌木上的果子通常已被啄食干净，现在却依然缀满枝头。还有一位观察员报告说：他家落地窗"往常总是聚集着四五十只北美红雀和其他鸟类，一片绯红，很少一次只见到一两只鸟。"西弗吉尼亚大学的莫里斯·布鲁克斯教授专攻阿巴拉契亚地区鸟类研究，他报告说：西弗吉尼亚州鸟类种群出现了"不可思议的锐减"。

所有鸟类都面临威胁，有些已经惨遭厄运，知更鸟的故事可看作是鸟类厄运的悲惨象征。对千百万美国人来说，知更鸟可谓无人不晓，第一只知更鸟的出现，意味着严冬已经过去。报纸会报道知更鸟的到来，人们会在早餐桌上争相转告。随着候鸟不断增多，林地出现第一抹朦胧的绿意，成千上万的人们会在晨曦中聆听知更鸟的第一次黎明合唱。但现在一切都变了，甚至鸟类回归也不是理所当然。

知更鸟和其他众多物种的生存，都跟美国榆树的命运休戚相关。从大西洋至落基山脉，美国榆树点缀着城镇街道、村庄广场、大学校园，宛若巍峨壮观的绿色拱门，是数千个美国城镇历史的见证者。如今，所有榆树都染上了严重的疾病，很多专家认为任何救治措施最终都是徒劳的。失去榆树很惨痛，但在救治榆树的徒劳努力中将大量鸟类推入灭绝深渊，那将是双重悲剧。而我们目前正面临这样的威胁。

1930 年左右，板材行业从欧洲进口榆树原木，将一种人称荷兰榆树病的真菌性疾病带入美国。真菌侵入榆树导管系统，芽孢通过树叶汁液循环扩散，有毒分泌物以及机械性堵塞都随之扩散，导致枝干枯萎乃至树木死亡。这种病借助榆树皮甲虫从染病树木传播到健康树木。榆树皮甲虫在死亡的树皮下挖通道，通道被真菌芽孢污染，芽孢黏附在虫体上，随着甲虫到处飞动传播。所以，控制榆树真菌病主要着力于对携带病原的甲虫进行控制。在美国一个又一个社区，特别是榆树密集生长的中西部和新英格兰地区，高强度喷药已成为一种常规操作。

药物喷洒对鸟类特别是知更鸟意味着什么，密歇根州立大学的两位鸟类学家乔治·华莱士教授和他的研究生约翰·梅纳最早给出明确答案。梅纳于 1954 年开始攻读博士学位，选择了与知更鸟种群数目有关的研究课题。这个选题纯属巧合，当时无人怀疑知更鸟会面临威胁。但他的研究才开始展开，情况就发生了变化，不仅改变了研究的性质，事实上剥夺了他的研究对象。

1954 年,密歇根州立大学在校园内针对荷兰榆树病开始小规模喷药。第二年,大学所在的东兰辛市也加入这一行动中,校内喷药范围扩大,加之当地正在开展舞毒蛾和蚊虫的防控,于是化学药品像大雨般倾盆而下。

1954 年里,校园尝试小规模喷药,一切看似安好。第二年春天,迁徙的知更鸟开始如常飞回校园,像汤姆林森的名篇《失去的树林》中蓝铃花一样,这些知更鸟重回熟悉的领地,"没想到会发生不幸"。问题很快就明朗化,校园里开始出现死亡和垂死的知更鸟,很少见到正常觅食或聚集在惯常栖息地的鸟儿。搭建的鸟巢很少,孵出的幼鸟也很少。随后的几个春天,反复出现这样的情形。喷药区已变成一个致命陷阱,每一波迁徙而来的知更鸟,不到一周全部死亡。新的知更鸟随后飞来,不过是增加校园里鸟儿死亡的数量和临死前痛苦的抽搐。

华莱士博士说:"对大多数春季来校园安营扎寨的知更鸟而言,校园成了它们的墓地。"为什么会这样呢?起初他怀疑是某种神经系统疾病造成的,但很快发现"尽管杀虫剂的使用者信誓旦旦地保证喷药'对鸟类无害',但知更鸟的的确确死于杀虫剂中毒。知更鸟表现出典型的中毒症状:首先身体失去平衡,接着浑身颤抖、抽搐,继而死亡。"

有证据表明,知更鸟中毒,并非通过与杀虫剂直接接触,而是因为食用蚯蚓间接造成的。在一项研究中,小龙虾无意中被喂食了校园里的蚯蚓,很快全部死亡。实验室笼子里的一条蛇被饲喂这种蚯蚓后出现激烈颤抖。而春季,蚯蚓是知更鸟的主要食物。

不久,伊利诺伊州自然历史调查所(位于厄巴纳市)的罗伊·巴克博士揭示出知更鸟死亡谜团的关键点。在 1958 年发表的论文里,巴克博士追溯了整个事件错综复杂的各个环节,显示知更鸟的命运与榆树相关,连接两者的是蚯蚓。每年春天,榆树会被喷洒农药(剂量通常是每50英尺高的树喷洒2—5磅DDT,大致相当于在榆树密集生长的地区,**每英亩喷洒23磅**),7月份通常会重复喷洒一次,浓度大约为春天的一半。强力喷枪射出毒药水柱,可以覆盖整个最高的树木,不仅能直接杀死树皮甲虫这一目标,还会同时灭掉授粉昆虫、捕食性蜘蛛和甲虫等其他昆虫。毒药在叶子和树皮表面形成一层雨水洗刷不掉的坚韧薄膜。到了秋天,落叶在地上形成湿漉漉的堆积层,开始与土壤融为一体的缓慢过程。在此过程中,以落叶为食的蚯蚓积极促进了它们的融合。蚯蚓喜欢榆树叶,在食用落叶的过程中,也吞食了杀虫剂,这些药剂在蚯蚓体内蓄积,浓度不断升高。巴克博士在蚯蚓的消化道、血管、神经和体壁上皆发现了DDT的残留。有些蚯蚓无疑会中毒死亡,存活下来的蚯蚓则成了毒药的"生物放大器"。春天来临,知更鸟飞来,给循环链添加了一环。十一只大蚯蚓所含DDT剂量足以毒死一只知更鸟,而知更鸟几分钟内就能吃掉十到十二只蚯蚓,十一只蚯蚓只是知更鸟每天食量的一小部分。

并非所有知更鸟都摄入了致命剂量的农药,但中毒的另一个后果如致命农药一样可能导致知更鸟灭绝。被研究的知更鸟和当地所有生物都笼罩在不育的阴影之下。如今,密歇根州立大学整个一百八十五英亩的校园里,每年春天只能找到二三十只知更鸟,而喷药之前,保守估计都有三百七十只成鸟。1954年,梅纳观察的每一个知更鸟巢都孵出了幼鸟。喷药之前,到1957年6月底,应该至少有三百七十只幼鸟(成年鸟正常的更新换代)在校园里觅食,但梅纳如今却**只找到一只幼鸟**。之后的1958年,华莱士博士报告说:"今年春夏两季,我在主校区任何地点都没见到过一只知更鸟,也没有听说有人见过。"

幼鸟未孵出的部分原因可能是筑巢繁育完成之前,一对知更鸟中的一只或两只就死了。但华莱士的重要发现指向一个更为严酷的事实:鸟类的繁殖能力遭到了破坏。例如,1960 年,他在国会委员会报告说,他有"记录显示知更鸟或其他鸟类完成筑巢但没产蛋,有些生了蛋也伏窝,却一直孵不出幼鸟。我们观察到,有只知更鸟专注地伏窝二十一天,却没能孵出幼鸟,而正常的孵化期是十三天……我们的分析显示,繁殖期鸟类的睾丸和卵巢中所含DDT 浓度很高。十只雄鸟睾丸中 DDT 浓度为 30—109ppm,两只雌鸟卵巢的卵泡中 DDT 浓度分别为 151ppm 和 211ppm 。"

不久,其他地区陆续发布研究结果,情况同样令人沮丧。威斯康星大学约瑟夫·希基教授和他的学生在喷药和未喷药的地区进行了详细的对比研究,发现喷药地区的知更鸟死亡率至少为86%—88%。1956 年,为了评估榆树喷药导致的鸟类死亡程度,密歇根州布卢姆菲尔德山的克兰布鲁克科学研究所要求人们把所有疑似 DDT 中毒的鸟类送到研究所做检验。人们的响应远远超出预期,几周之内研究所的深度冷冻设备就开始满负荷运行,只好拒收随后送来的样本。到 1959 年,仅这个地区就送交或报告了一千只中毒小鸟。虽然知更鸟是主要的受害者(一位女士给研究所打电话说,她家草坪上躺着十二只死知更鸟),研究所检验的样本还包括其他六十三种鸟类。

知更鸟只是榆树喷药造成的破坏链中一环。在遍及我们土地的众多农药喷洒计划中,榆树治理只是其中之一。大约有九十种鸟类死亡率都很高,其中不乏郊区居民和业余自然爱好者最为熟悉的种类。在一些喷过药的城镇,营巢鸟类的数量总体下降了90%。正如下文所述,从地面、树梢、树皮上觅食的鸟类,到肉食类猛禽,各种鸟类都受到了影响。

完全有理由相信,严重依赖蚯蚓或其他土壤生物为食的所有鸟类和哺乳动物,都可能遭遇知更鸟的厄运。大约四十五种鸟类以蚯蚓为食,其中一种叫山鹬,它们在南部地区过冬,最近那里喷洒了大量七氯。关于山鹬目前有两个重要发现：一是新不伦瑞克省繁殖地的幼鸟数量急剧减少；二是分析表明成鸟体内含有大量DDT和七氯残留。

已经出现令人担忧的记录，显示另有二十多种地面觅食的鸟类大量死亡，它们食用的蚯蚓、蚂蚁、蛆虫或其他土壤生物都已中毒。死亡的鸟类中包括歌声最为动听的橄榄背鸫、黄褐森鸫和隐夜鸫。歌带鹀和白喉带鹀也成了榆树喷药的受害者，它们掠过林地下层灌木林，在落叶间觅食时发出沙沙声。

哺乳动物也直接或间接地卷入到这一循环链中。蚯蚓是浣熊的一种重要食物，负鼠在春秋两季也以蚯蚓为食。鼩鼱和鼹鼠这种地穴动物也大量捕食蚯蚓。然后毒素还可能传给角鸮和仓鸮这类捕食动物。春天暴雨过后，威斯康星州有人捡到数只垂死的角鸮，很可能是食用蚯蚓而中毒。人们发现老鹰和猫头鹰（美洲雕鸮、角鸮、赤肩鵟、雀鹰、泽鹰）出现抽搐症状，这可能是它们捕食的鸟类或鼠类肝脏或其他器官内积累了大量农药残留，从而引起继发性中毒。

榆树喷药危害的不仅仅是地面觅食生物及其捕食者，在喷药比较严重的地区，所有在树冠叶间捕食昆虫的鸟类也已经没了踪影。这其中包括林地小精灵红冠戴菊和金冠戴菊、小巧玲珑的蚋莺以及各种林莺。春天里，它们成群迁徙而来，像色彩缤纷的生命潮汐一样流入树林。1956年，春天到得晚了些，喷药时间因此延后，正好赶上一场异常盛大的林莺迁徙之潮，结果几乎所有飞来该地的林莺都死了。在威斯康星州白鱼湾，往年的迁徙季节至少能看到上千只桃金娘莺，而1958年榆树喷药后，观察员只看到了两只。加上其他社区报告的情况，死亡数量就更加庞大了。被杀死的鸟儿包括迷人的、深受人们喜爱的各种林莺：黑白森莺、黄林莺、纹胸林莺和栗颊林莺，5月在林间放歌的橙顶灶莺，羽翼一抹火红的黑斑林莺,还有栗胁林莺、加拿大林莺和黑喉绿林莺。这些在树梢觅食的鸟儿,有些因食用中毒的昆虫被直接害死,有些因食物短缺而间接被害死。

食物短缺也严重打击在空中逡巡的燕子,它们像鲱鱼在海中捕食浮游生物一样,竭力在空中捕捉飞虫。威斯康星州一位博物学家报告说:"燕子受到严重影响。大家都在抱怨,燕子数目比四五年前少很多。四年前,我们头顶的天空曾经充满飞翔的燕子,而现在几乎看不到了……也许是喷药造成昆虫减少,也可能是燕子食用中毒昆虫而死亡。"

这位观察员还提到其他鸟类:"菲比霸鹟也损失惨重。我们这里很少放置捕蝇器,但早前常见、强壮的菲比霸鹟却不见踪影,去年春天我见过一只,今年春天也只见过一只。威斯康星州其他观鸟者也有同样的抱怨。我养过五六对北美红雀,现在都死了。过去,鸫鹟、知更鸟、猫鹊、角鸮每年都会来我们花园里筑巢,现在也没了。夏天的清晨听不到鸟鸣声,只剩下害鸟、鸽子、椋鸟和英国麻雀。这太悲哀了,简直让人无法忍受。"

在秋季,对榆树进行休眠期喷药,将毒药喷入树皮的细小缝隙,这可能导致山雀、五子雀、花雀、啄木鸟和美洲旋木雀数量急剧减少。1957—1958年间的冬季,华莱士博士多年来首次发现自己家喂鸟架上见不到一只山雀或五子雀。后来他发现三只五子雀,一步一步地揭示了一个悲催的因果过程:一只正在榆树上啄食,另一只濒临死亡,呈现出典型的DDT中毒症状,第三只已经死去。后来发现,垂死的五子雀体内组织中DDT含量高达226ppm。

这些鸟类的摄食习惯不但令它们特别易受杀虫剂危害,也让它们在经济和其他易被忽略方面遭受的损失看起来尤为悲惨。比如,白胸五子雀和美洲旋木雀的夏季食物主要是危害树木的大量害虫的虫卵、幼虫和成虫。山雀大约四分之三的食物是各个生长阶段的昆虫。本特的名著《北美洲鸟类生活史》记载了山雀的觅食方法："随着鸟群飞行，每只鸟都会仔细寻找树皮、树枝和树干上的微小食物（如蜘蛛卵、蚕茧或其他休眠昆虫）。"

很多科学研究都已经证明，在各种情况下鸟类对昆虫治理起着很重要的作用。控制恩格尔曼云杉甲虫主要靠啄木鸟，可将甲虫数量减少45%—98%。啄木鸟对控制苹果园的苹果卷叶蛾也非常重要。山雀和其他冬季栖息鸟类则可以保护果园免受尺蠖的侵害。

这是自然界的自然调控，却未能见容于农药肆虐的现代社会。喷洒农药杀灭的不仅是昆虫，还杀死了昆虫的主要天敌：鸟类。一旦昆虫卷土重来（这种情况经常发生），鸟儿已经不复存在，无法控制昆虫的数量。正如密尔沃基公共博物馆鸟类馆馆长欧文·J.格罗姆写给《密尔沃基日报》的稿件所说："昆虫的最大天敌是其他捕食性昆虫、鸟类和一些小型哺乳动物，但DDT不加区别地痛下杀手，包括大自然自己的卫士……因贪图一时安逸，我们难道要打着进步的幌子，自食其果，变成严酷的昆虫防治方法的受害者，最终换来的却是灭虫失败？当大自然的鸟类卫兵被毒药消灭，当新的害虫在榆树消失后继续侵害其他树种，我们还有什么办法可用？"

格罗姆先生报告说，威斯康星州开始喷药的这些年，报告鸟类死亡及濒死的电话和信件持续增多。询问以后总是发现，鸟类死亡的地区就是喷过农药的地方。

中西部大多数研究机构（如密歇根州克兰布鲁克研究所、伊利诺伊州自然历史调查所、威斯康星大学）的鸟类学家和自然保护学家都有过与格罗姆先生相似的经历。浏览一眼各地报纸的"读者来信"专栏就会发现，几乎所有喷洒过农药的地区，居民不仅觉醒起来愤愤不平，他们比下令喷药的官员更清楚农药喷洒的危险和自相矛盾。密尔沃基的一位女士写道:"我极为担心,很快将有很多美丽的鸟儿死于我们的后院。这些鸟儿太可怜,简直令人心碎……而更让人沮丧和愤怒的是,这场屠杀显然无法实现其目标……长远来看,不保护鸟类如何能够拯救树木?在自然界,它们难道不是相互救助的吗?不破坏自然界固有的平衡,就无法保护自然平衡吗?"

其他读者来信说,尽管榆树有宏伟宽阔的树荫,却也不是"圣牛",为了救治榆树,就不得不容忍对其他生命大开杀戒。威斯康星州另一位女士写道:"我一直很喜欢榆树,它们就像是本地地标。但是,我们还有其他很多树种……我们也必须保护鸟类。谁能想象一个没有知更鸟歌唱的春天该有多么无趣可怕?"

对普罗大众来说,这似乎是一个非黑即白的简单选择:保存鸟类还是保存榆树?事实上并非如此简单。化学防治领域充满讽刺,如果我们继续沿着驾轻就熟的道路走下去,化学喷雾虽然杀灭了鸟类,却无法挽救榆树,我们最终可能两者都失去。想象依赖喷雾器喷嘴拯救榆树,纯属异想天开,不过是让一个又一个社区陷入代价高昂的泥沼,却无法产生持久的效果。康涅狄格州格林尼治市定期喷药已有十年。有一年出现干旱,对甲虫蔓延特别有利,导致榆树死亡率暴升 1000%。伊利诺伊大学所在的伊利诺伊州厄巴纳市,荷兰榆树病于 1951 年首次出现,1953 年开始施药。到 1959 年,尽管连续喷洒六年农药,校园仍然损失了 86% 的榆树,其中一半死于荷兰榆树病。

在俄亥俄州托莱多市,类似事件引起了林务局主管约瑟夫·A.斯威尼的重视,开始实事求是地审查喷药导致的后果。托莱多市于 1953 年开始喷药,一直持续到 1959 年。斯威尼先生发现,照"书本和权威"建议喷药之后,全市范围的槭绵蜡蚧危害比以前更严重了。他决定亲自调查荷兰榆树病的喷药后果。调查结果令他震惊:在托莱多市,树病受到控制的区域是那些及时移除病树或染病幼苗的地方,而喷药的地方情况已经失控。有些未采取任何措施的农村,疾病传播速度反而没有城市快。这显示喷药消灭了害虫的所有天敌。

"我们正在放弃对荷兰榆树病进行药物喷洒。为此,我和支持美国农业部建议的人产生了分歧。但我掌握的是事实,我会坚持。"

令人费解的是,榆树病最近才开始在中西部城镇传播,他们为何没有事先调查其他地区在这方面积累的长足经验,就毫不迟疑地开始浩大昂贵的药物喷洒计划呢?比如,纽约州在控制荷兰榆树病方面经验最为丰富。据说1930年左右,榆树病正是通过纽约港进入美国的。如今,纽约州在管控和抑制榆树病方面成绩显著。不过,这个成绩不是通过喷药获得的,实际上,纽约州农业推广部门从未建议社区通过喷药进行防控。

那么,纽约州是如何取得如此显著的成果呢?从开始控制榆树病至今,该州一直依靠严格的卫生预防措施,即迅速清除和销毁所有患病或感染的榆树。最初的控制效果并不理想,因为没有认识到不仅需要清除病树,也必须销毁那些甲虫可能已经产卵的榆木。受感染的榆木被砍伐后,作为薪柴储存起来,如果来年开春之前没有烧掉,就会繁殖出大量携带真菌病原的甲虫,而传播荷兰榆树病的正是4月末到5月结束冬眠出来觅食的甲虫成虫。纽约昆虫学家从经验中摸索,识别存在甲虫繁殖且对树病传播起重要作用的树。通过集中清除这类危险树木,不仅取得了良好的控制效果,而且将预防成本保持在合理范围内。到1950年,纽约市55000株榆树中荷兰榆树病的发病率已降至0.2%。1942年,韦斯特切斯特县启动了一项卫生预防计划。在随后的十四年中,榆树年均损失率仅为0.2%。布法罗市185000株榆树通过卫生防控措施取得了很好的成效,最近的年均损失率仅为 0.3%。换言之,按照这种损失速率,布法罗市的榆树要三百年才会消失殆尽。

锡拉丘兹城的做法于人印象尤其深刻。1957 年之前,锡拉丘兹城并未采取任何有效措施。1951 年至 1956 年间,该城损失近 3000 株榆树。后来,在纽约州立大学林学院霍华德·C.米勒指导下,进行广泛动员,清除所有患病榆树和可能为甲虫繁殖提供条件的榆树木材。如今,榆树年损失率远低于 1%。

纽约州专家特别强调这种荷兰榆树病防控方法的经济性。纽约州农业大学的 J.G.马特西说:"大多数情况下,相较于节省下来的费用,实际支出很少。""如果是枯死或断裂枝干,移除可以避免财产损失或人身伤害。如果是烧火用的薪柴,可以赶在开春之前烧掉,或者剥掉树皮,或者存放在干燥地方。城市里大多数死树最终都需要清理,所以迅速移除染上荷兰榆树病而濒临死亡或已死的榆树,其费用并不比后来需要的花费高。"

由此可见,只要知情,采取明智的措施,荷兰榆树病的防控并非完全没有希望。一旦榆树病开始在社区传播,虽然目前已知的手段都无法彻底根除,但卫生预防措施能够将树病控制在合理范围内,无需采用徒劳无功又残害鸟类的方法。树木育种也是一种可能的解决方法,实验显示,科研人员有望培育出抗荷兰榆树病的杂交榆树。欧洲榆树具有强抗病性,华盛顿特区已经大量种植,即使在本地榆树发病率很高的时期,这些欧洲榆树也没有被荷兰榆树病感染。

在榆树大量病死的社区,迫切需要实施育苗和造林计划以补种新树。这类计划可能包括抗病性强的欧洲榆树,但确保树种多样性对预防未来疫情破坏社区林木至关重要。正如英国生态学家查尔斯·埃尔顿所言,"保护生物多样性"是健康的动植物群落的关键。眼前发生的一切,很大程度上是过去几代里缺乏生物多样性造成的,即使是上一代人也并不知道在大片区域内种植单一树种会引发灾难性后果。因此,整个城镇街道两旁和公园里全都种植了榆树。如今,榆树死了,鸟也死了。

另一种美国鸟类如知更鸟一样濒临灭绝,那就是美国的国家象征:白头海雕。过去十年,白头海雕的数量以惊人的速度减少。事实显示,它们的生存环境出现了问题,其繁殖能力因而遭到破坏。虽然具体原因尚未确认,但有证据表明杀虫剂难辞其咎。

在北美洲,研究人员最关注的是佛罗里达州西海岸从坦帕到迈尔斯堡沿线海岸筑巢繁育的白头海雕。从 1939 年至 1949 年间,温尼伯市退休银行家查尔斯·布罗利环志了一千多只白头海雕幼鸟,在鸟类学界名声大震(之前,鸟类环志史上总共只环志过一百六十六只白头海雕)。布罗利先生在冬季白头海雕幼鸟离巢前给它们戴上环志。后来人们对这些戴上环志的白头海雕进行研究,发现出生在佛罗里达州的白头海雕能够沿着海岸向北进入加拿大,最远到达爱德华王子岛,而此前人们以为这些白头海雕不迁徙。每年秋天,这些白头海雕飞回南方,宾夕法尼亚州东部霍克山因此而成为著名的白头海雕迁徙观测点。

在做环志的早些年,布罗利先生在选定的海岸线上每年通常能找到一百二十五个包含幼鸟的巢穴,每年被环志的约有一百五十只幼鸟。1947 年,白头海雕幼鸟的数量开始下降,有些鸟巢没有鸟蛋,有些虽然有鸟蛋却未能孵出幼鸟。1952 年至 1957 年,约有 80% 的巢穴没有孵出幼鸟。1957 年,只有四十三处鸟巢还有白头海雕。其中七处巢穴孵出八只幼鸟,二十三处巢穴里的鸟蛋未孵化,十三处巢穴仅仅是成年白头海雕的进食地点,根本没有鸟蛋。1958 年,布罗利先生沿海岸线驱车 100 多英里才发现并环志了一只白头海雕。1957 年,他在四十三处巢穴发现过成年白头海雕,一年后仅十处巢穴里有成鸟。

1959年,随着布罗利先生去世,这一系列有价值的持续观察从此终止。佛罗里达奥杜邦协会以及新泽西和宾夕法尼亚州提供的报告证实,照此趋势下去,美国恐怕需要另寻国家象征物。霍克山保护区管理员莫里斯·布龙的报告尤其令人瞩目。霍克山位于宾夕法尼亚州东南部,风景如画。阿巴拉契亚山脉最东端山脊在此形成最后一道屏障,阻挡吹向沿海平原的西风。西风遇到山脉会偏斜向上刮,因此这里秋天的大部分时间会有一股连续上升的气流,宽翅鹰和白头海雕可以毫不费力地乘风翱翔,南迁时可以一日飞翔数英里。霍克山不仅是山脊交汇处,也是候鸟迁徙路线交汇处,这里因此成为北方各地鸟类迁徙时的必经要道。

莫里斯·布龙担任保护区管理员二十多年,他观察并实际记录的鹰和白头海雕数目比任何一个美国人都多。白头海雕迁徙的高峰出现在8月底9月初,普遍认为这些是在北方度夏后飞回家乡的佛罗里达白头海雕(每年深秋初冬时节,一些形体更大的雕类会飞经此地,去往不为人知的地方越冬,这些被看作是一种北方种类)。建立保护区的头几年(1935—1939年),大约40%观察到的白头海雕是一岁左右的幼鸟(很容易从它们均匀的深色羽毛加以识别)。但近年来,这些未成年白头海雕已非常罕见,在1955年至1959年间,它们只占总数的20%;而在1957年,每三十二只成年白头海雕仅有一只幼鸟。

霍克山的观测结果和其他地区的发现是一致的。其中一份报告来自伊利诺伊州自然资源委员会的官员埃尔顿·福克斯,有关白头海雕(可能为北方种类)飞来密西西比河和伊利诺伊河沿岸过冬的情况。福克斯的报告说,1958年统计的五十九只白头海雕里仅有一只幼鸟。萨斯奎哈纳河上的约翰逊岛是世界上唯一的白头海雕专属保护区所在地,也发现了白头海雕濒临灭绝的迹象。

该岛虽然距离科纳温戈坝上游仅 8 英里,距离兰开斯特县河滨约半英里,却保留着原始野生风貌。自 1934 年起,兰开斯特县的鸟类学家、保护区负责人赫伯特·H.贝克教授持续观察岛上的一处巢穴。1935 年至 1947 年间,伏窝情况一直很有规律也很成功。自 1947 年开始,成鸟仍然占据巢窠并产下鸟蛋,却孵不出幼鸟。

约翰逊岛和佛罗里达州出现的情况一样:仍有成鸟占巢并且产蛋,却很少或孵不出幼鸟。只有一个原因能解释所有这些现象,那就是某种环境因素导致鸟类的繁殖能力下降,以致现在几乎没有幼鸟孵出,白头海雕家族难以为继。

各种人工模拟实验证明,其他鸟类也会遭遇同样的情况。其中最著名的是美国鱼类及野生动植物管理局詹姆斯·德威特博士所做的实验。德威特博士就各种杀虫剂对鹌鹑和稚鸡的影响进行了一系列经典实验。研究结果发现,接触 DDT 或相关化学品,即便没有对成鸟造成肉眼可见的伤害,却可能严重影响其繁殖能力。具体影响方式可能不同,但最终结果总是一样。例如,鹌鹑在繁殖期摄入了 DDT,即便能够存活甚至正常产蛋,也很少能孵化出幼鸟。德威特博士说:"很多胚胎在孕育之初似乎发育正常,却在孵化期间死掉。"即便是成功孵化,半数以上的幼鸟会在五天内死亡。在稚鸡和鹌鹑的对比实验中,只要常年给成鸟喂食被杀虫剂污染的食物,成鸟就无法下蛋。加利福尼亚大学罗伯特·拉德博士和理查德·吉纳利博士也有类似发现,稚鸡摄入含狄氏剂的食物后,"产蛋数量明显减少,幼鸟存活率很低。"根据这些作者的发现,蛋黄中存贮的狄氏剂在孕育期间和幼鸟出生后被逐渐吸收,从而对幼鸟造成缓慢却足以致命的影响。

华莱士博士和研究生理查德·F.伯纳德的最新研究成果为上述结论提供了有力佐证。他们发现密歇根州立大学校园里的知更鸟体内含有高浓度 DDT 残留,所有被测雄鸟的睾丸、发育中的卵泡、雌鸟的卵巢、输卵管、发育完整尚未孵出的蛋、废弃巢穴里未曾孵化的蛋、鸟蛋内的胚胎以及刚孵出即死亡的雏鸟体内都发现了毒素残留。

这些重要的研究证实，鸟类一旦接触过杀虫剂，就会影响下一代。鸟蛋和滋养胚胎发育的蛋黄中储存的毒素是致死的真正原因，这也解释了为什么德威特实验中许多鸟类会在胚胎阶段或孵出几天后死亡。

对白头海雕展开类似的实验室研究几乎是不可能的，但佛罗里达州、新泽西州和其他地方目前正在开展野外研究，希望能够找到造成多数白头海雕不育的确切原因。现有的间接证据都指向杀虫剂。在一些盛产鱼类的地区，鱼类在白头海雕的食谱中占据很大比重（在阿拉斯加州约占 65%；在切萨皮克湾地区约占 52%）。毋庸置疑，布罗利先生长期研究的白头海雕主要以鱼为食。1945年以来，这一沿海地区反复被 DDT（溶于燃油）喷洒，这种空中喷药的主要目标是盐沼蚊。盐沼蚊栖息的沼泽和海滨地区正是典型的白头海雕觅食区。喷药导致鱼蟹大量死亡，实验分析显示，死亡的鱼类和蟹类组织中的 DDT 浓度高达 46ppm。就像清湖的鹧鹈那样（因为吃了湖中的鱼而在体内积累了高浓度杀虫剂残留），几乎可以肯定这些白头海雕体内组织里也储存了 DDT。跟鹧鹈、稚鸡、鹌鹑和知更鸟一样，白头海雕越来越无法繁衍后代，难以维持种群的延续。

当今世界，各地都传来鸟类面临绝境的消息。这些报告具体细节不尽相同，主题却完全相同：杀虫剂带来了野生生物的死亡。例如，在法国，人们使用含砷除草剂喷洒葡萄藤后，数百只小鸟和山鹑死亡；在鸟类数量众多的比利时，对附近农田喷洒农药导致曾经闻名遐迩的山鹑陷入绝境。

英格兰面临的主要问题似乎专业性很高，与日益增多的播种前用杀虫剂处理种子的做法有关。拌种不是什么新鲜事，但早期主要使用真菌杀灭剂，没有发现对鸟类有影响。大约从 1956 年开始，拌种方法有所改变，试图达到双重功效；在真菌杀灭剂之外，又添加了狄氏剂、艾氏剂或七氯以防控土壤昆虫。从此，情况就变糟了。

1960 年春天，英国野生动植物部门（包括英国鸟类学基金会、皇家鸟类保护协会和猎鸟协会）收到大量有关鸟类死亡的报告。诺福克一位农场主报告写道："这个地方就像一个战场。我的管家已经发现了数不清的鸟类尸体，包括大量小型鸟类：苍头燕、绿翅雀、红雀，篱雀，还有麻雀……对野生动物的破坏令人万分痛心。"一位猎场看守人写道："我的山鹑啄食了农药处理过的玉米种子，全部死光光，还有稚鸡和其他鸟类，一共死了数百只鸟……我看守猎场一辈子，从来没有见过如此悲惨的场面！看到一对对山鹑同时死去，太难过了。"

英国鸟类学基金会和英国皇家鸟类保护协会在一份联合报告中描述了六十七例鸟类死亡的情况，其中五十九例死于种子拌药，八例死于农药喷洒。而 1960 年春天实际死亡的鸟类远不止这个数字。

第二年，又出现新一轮鸟类中毒事件。英国上议院收到报告，仅诺福克郡一家农场就发现六百只死鸟，而北埃塞克斯一处农场死了一百只稚鸡。人们很快发现，遭受影响的郡数量从 1960 年的二十三个增加到 1961 年的三十四个。以农业为主的林肯郡受影响最大，已报道有一万只鸟死亡。实际上，从北部安格斯到南部康沃尔，从西部安格尔西到东部诺福克，整个英国农业地区都遭到了破坏。

1961 年春天，鸟类死亡引起空前关注，下议院成立特别委员会着手调查此事,向农民、农场主、农业部代表以及与野生生物相关的政府和非政府机构代表进行了广泛取证。

有证人称:"鸽子突然从空中掉下来,死了。"还有证人说:"在伦敦郊外行驶一两百英里都看不到一只红隼。"自然保护协会的官员作证说:"本世纪以来,乃至我所了解的任何时代,从未发生过类似情况,(这是)英国野生动植物和狩猎业有史以来遭遇的最大危机。"

这个调查任务最缺乏的是对死亡鸟类进行化学分析的设备,而整个英国只有两位化学家有能力进行这类分析,一位就职于政府部门,另一位在皇家鸟类保护协会工作。证人们都提及大火焚烧死鸟尸体的做法,但人们还是想方设法收集到鸟类尸体以供检测之用。受检鸟类尸体中,除了一例不食种子的沙锥鸟,其余全都含有杀虫剂残留。

和鸟类一样,狐狸可能因为捕食中毒老鼠或鸟类而间接遭受毒害。英国的兔子泛滥成灾,急切需要其天敌狐狸捕食。然而,就在 1959 年 11 月至 1960 年 4 月间,至少有一千三百只狐狸死亡。在雀鹰、红隼和其他鸟类猎物几乎完全消失的地方,狐狸死亡最为严重,这表明毒素正通过食物链传递蔓延,从采食种子的动物传递到食肉动物体内。垂死的狐狸跟其他氯化烃中毒动物一样,原地打转,神志不清,视力模糊,直至痉挛死亡。

这些听证会,让调查委员会认识到野生动物面临"十分危急"的威胁,因此向下议院提议:"农业部部长和苏格兰事务大臣应当立即下令,禁止在拌种中使用狄氏剂、艾氏剂、七氯或具有相同毒性的化学药品。"该委员会同时建议加强管控措施,确保化学药品在投放市场之前经过充分的野外试验和实验室测试。值得强调的是,这是所有杀虫剂研究领域的一个巨大空白点。农药制造商所做的实验室测试,通常是采用老鼠、狗、豚鼠等常见动物,不会使用野生物种作为测试受体，也不会包括鸟类和鱼类。实验通常是在人工控制条件下进行，这些实验结果应用到野外野生动物身上，缺乏精确性。

英国绝对不是唯一需要保护鸟类免受拌种危害的国家。这个问题在美国南方及加利福尼亚州的水稻种植区最让人头疼。多年来，加州水稻种植者一直用DDT处理种子，以防止蝌蚪、虾和食腐甲虫危害秧苗。从前，稻田中聚集着大量水禽和稚鸡，深受加州狩猎者的喜爱。然而，这十年来，水稻种植区不断传来鸟类数量减少的消息，特别是雉鸡、野鸭和黑鹂。一位观鸟者说，"雉鸡病"已成众所周知的现象，病鸟"极度嗜水，瘫痪，倒在沟渠和稻田里瑟瑟颤抖"。此"病"多发于春天稻田播种的时候，拌种使用的DDT浓度是成年稚鸡致死剂量的很多倍。

几年过去了，人们研发出毒性更强的杀虫剂，愈发加重农药拌种的危害。对雉鸡来说，艾氏剂毒性比DDT强一百倍，现在被广泛用来拌种。艾氏剂拌种造成得克萨斯州东部稻田里的树鸭数量锐减。树鸭是生活在墨西哥湾沿岸的一种黄褐色鸭子，长得像鹅，远近闻名。我们有理由相信，水稻种植者使用杀虫剂想要同时达到杀虫和减少黑鹂的目的，却对稻田里几种鸟类造成了灾难性后果。

一旦养成灭杀的习惯（"根除"任何给我们带来烦恼或不便的生物），鸟类会日益成为毒药的直接目标，而不是意外事件。为了"控制"不受农民待见的鸟类的数量，从空中喷洒对硫磷类致命农药的做法渐成趋势。美国鱼类及野生动植物管理局对此表示严重关切，指出"喷洒对硫磷的区域可能对人、家畜和野生动植物构成极大危害"。例如，1959年夏天，印第安纳州南部一群农民租用喷药飞机向河滩洼地喷洒对硫磷，这片河滩上栖息着数千只从附近玉米地觅食的黑鹂。其实，这些农民原本可以通过改种苞叶较长的玉米品种来解决问题，这样黑鹂就够不着玉米粒了，但他们对毒药灭杀的好处深信不疑，选择使用喷药飞机执行死亡任务。

飞机喷药的结果可能会令农民们感到满意，死亡名单上约有六万五千只红翅黑鹂和椋鸟。其他未发现、未记录的野生动物死亡情况便不得而知。对硫磷并非专门针对黑鹂，它具有普遍杀伤性。那些闲逛到河滩洼地活动的野兔、浣熊、负鼠，也许从未涉足农民的玉米田，却被既不知道也不关心它们存在的法官和陪审团判处了死刑。

农药对人类会产生什么影响呢？在喷洒过同种对硫磷农药的加州果园，工人们接触到**一个月**前喷过药的树叶后陷入昏厥，通过精心治疗才保住性命。在印第安纳州，现在还有人敢放任男孩子去森林、田野、河边嬉戏玩耍吗？即便有，谁能看牢有毒区域，阻止那些为探索原始大自然而误入其间的孩子们？又有谁能警惕守望，劝诫无辜路人远离那些连植被都覆盖着毒膜的致命田野？风险这么可怕，却无人阻止农民对黑鹂发动这场毫无必要的战争。

在所有这些事件中，人们都在回避这样一个问题：是谁做出的决定，引发一连串连锁中毒，导致死亡的波浪不断扩散，宛若将鹅卵石丢进平静的池塘所激起的重重涟漪？是谁在天平一端放上甲虫可食的叶子，另一端却放上一堆堆可怜的杂色羽毛（杀虫药肆虐之下惨遭戕杀的鸟类残骸）？是谁未曾征求广大民众的同意就擅自做出决定，认为没有昆虫的世界是最完美的，即使其间不见鸟儿展翅飞翔、了无生机？谁有**权力**做出这样的决定？对广大公众而言，大自然的美丽和秩序具有深刻而重要的意义。而那些被暂时赋予权力的人，竟然在公众未曾留意的时刻，做出了这个决定。

第九章　死亡之河

　　在大西洋绿色的海底深处,存在着无数通往海岸的线路。它们是鱼类洄游的通道,无影无形,连接着沿岸河流的出海水流。成千上万年来,鲑鱼已经熟悉这些淡水线路,每一条鲑鱼都会沿着线路洄游到内陆河流,回到曾度过生命最初数月或数年的支流里。1953 年夏秋两季,新不伦瑞克省海岸线上米拉米奇河里的鲑鱼,从遥远的大西洋觅食地游回出生的这条河流。米拉米奇河上游树木荫翳,溪流纵横交错。秋天来临,鲑鱼在砾石河床里产卵,溪水冰凉湍急。这样的水域,遍布云杉、香脂冷杉、铁杉和松树等大片针叶林,为鲑鱼生存提供了必要的产卵环境。

　　年复一年,鲑鱼洄游循环往复,使米拉米奇成为北美洲最好的一个鲑鱼产地。但是那一年,这个循环模式被打破了。

　　秋冬季节时,雌鲑鱼在河底砂砾上掘出一个个浅槽,将包裹着厚壳的大颗鱼卵产在里面。正常情况下,鱼卵在寒冬里缓慢发育,等到春天冰雪消融、林间溪流潺潺之时,幼鲑才孵化出来。起初,小鱼苗潜藏于河床卵石之间,身长约半英寸。它们不必进食,依赖硕大的卵黄囊生长。直到卵黄囊被吸收干净,幼鲑才开始在溪流中觅食小昆虫。

　　1954 年春天,米拉米奇河里四处游动着色彩斑斓的幼鲑,有刚孵化的鱼苗,也有一两岁的幼鲑,它们贪婪地寻觅着溪水里各种各样稀奇古怪的昆虫。

随着夏天到来,一切都改变了。那一年,米拉米奇河西北部水域被纳入加拿大政府早先已启动的大规模喷药计划,旨在保护森林免受云杉卷叶蛾侵害。卷叶蛾是一种本土昆虫,侵害多种常青植物。在加拿大东部,大约每三十五年爆发一次卷叶蛾灾。20世纪50年代初,卷叶蛾数量发生过一次暴涨。人们开始喷洒DDT灭杀卷叶蛾,起初规模很小,1953年突然加大喷药力度。为保护香脂冷杉(纸浆和造纸业的主要原料),喷药林地面积从过去的数千英亩扩大为数百万英亩。

1954年6月间,飞机开始在米拉米奇河西北部森林上空喷洒农药,一团团白色薄雾在空中划出飞机纵横交错的轨迹。每英亩0.5磅的油溶性DDT飘洒下来,弥漫在层层香脂冷杉林间,有些滴落到地面和溪流中。飞机驾驶员只顾着完成自己的任务,没有尽力避开溪流,飞过溪流的时候也没有试图关闭喷嘴。不过,最轻微的空气振动都会加速喷药雾飘散,即便飞行员小心注意,结果也差不多。

喷药一结束,很快就确切无疑地出现了糟糕的迹象。两天之内,河流沿岸就出现了已死和濒死的鱼,其中不少是幼鲑,还有美洲红点鳟鱼。道路两边和树林间,鸟儿奄奄一息。溪流里一片沉寂,了无生命。喷药前,这里有丰富的水生生物,为鲑鱼和鳟鱼提供食物。这些水生生物包括生活在叶子、草茎或砾石经唾液黏合而成的松散掩体中的石蛾幼虫,紧贴在湍急岩石上的石蝇幼虫,以及在浅滩下或溪流漫过的陡峭岩石上缓慢爬行、酷似蠕虫的黑蝇幼虫。但是现在,溪流中昆虫被DDT悉数杀死,幼鲑无虫可食。

在死亡与毁灭交织的情景中,幼鲑很难逃脱厄运,事实上它们确实未能幸免。到8月份,当年春天河床孵出的鲑鱼苗全部死绝,整整一年的繁育化为泡影。一年前或更早孵出的幼鲑情况略好，仅仅略好一点点。飞机喷药时，1953 年孵化的幼鲑仍在溪中觅食，喷药后的存活率仅为六分之一。而 1952 年孵出的、几乎可以出海生活的鲑鱼死掉了三分之一。

自 1950 年以来，加拿大渔业研究委员会一直致力于米拉米奇河西北流域的鲑鱼研究，我们因此得以知道上述事实。该组织每年会对河流中的鱼类进行一次数量普查。生物学家的普查记录包括洄游繁殖的成年鲑鱼数量、溪流中每个年龄段的幼鲑数量、水中鲑鱼和其他鱼类的正常数量。有了喷药之前的完整记录，才能测算喷药造成的损失，精确度无其他地区可企及。

这项调查不仅揭示出鲑幼鱼的损失情况，还反映出溪流本身的重大变化。反复喷药已彻底改变水体环境，鲑鱼和鳟鱼食用的水生昆虫都被灭杀殆尽。即便是一次性农药喷洒，大多数昆虫也需要很长时间才能恢复到满足正常鲑鱼种群食用的数量。所需恢复时间不是按月计，而是以年计。

蠓和黑蝇等个头较小的物种，种群恢复较快。这些适合刚出生几个月的鲑鱼食用。而两三岁龄鲑鱼主要以石蛾、石蝇和蜉蝣幼虫等体型较大的水生昆虫为食，这些昆虫数量的恢复没有那么快。DDT 进入河水后第二年，觅食的幼鲑除了偶尔找到小石蝇外，很难寻得其他食物。河里没有体型大的石蝇、蜉蝣或石蛾。为了给鲑鱼提供天然食物，加拿大曾尝试将石蛾幼虫和其他昆虫投放到虫食匮乏的米拉米奇河水域，但任何一次重复喷药都能轻而易举地灭绝新投放的昆虫。

云杉卷叶蛾没有如期减少，反而更为猖獗。1955 年至 1957 年期间，新不伦瑞克省和魁北克省对多个地区进行反复喷药，有些地方多达三次。到 1957 年，农药喷洒面积接近 1500 万英亩。喷药曾一度中断，但因为卷叶蛾突然反弹，1960 年和 1961 年再度开始喷洒农药。事实上,没有任何证据显示喷药防控卷叶蛾是长久之计(连续喷药数年,香脂冷杉才能避免因脱叶而死亡)。因此,只要持续喷药,可怕的副作用将会继续。为了尽量降低对鱼类的破坏,加拿大林务官员采纳了渔业研究委员会的建议,将DDT浓度从之前每英亩0.5磅降低到0.25磅。(美国仍普遍采用每英亩1磅的高度致命的剂量标准)如今,经过几年的喷药效果观察,加拿大人发现状况好坏参半。但是,只要喷药仍在继续,鲑鱼垂钓者就不会感到放心。

一系列非比寻常的事件挽救了米拉米奇河西北段,避免了预料中的灾难,这些事件的凑巧发生堪称百年难遇。了解这些事件和发生的原因对我们极为重要。

如前所述,米拉米奇河西北流域在1954年被大量喷洒过药物。之后,除了1956年对某个狭窄地带再次用过农药,整个上游流域都没有再被列入喷药计划。1954年秋天爆发的一场热带风暴拯救了米拉米奇河鲑鱼的命运。飓风埃德娜夹着暴风雨一路向北狂飙,给美国新英格兰地区和加拿大海岸带来倾盆大雨。暴雨形成的洪水裹挟淡水一直流入大海,吸引了异常多的鲑鱼洄游,从而在溪流砾石河床上留下了异常丰富的鱼卵。1955年春天,在米拉米奇河西北流域孵化的幼鲑遇到了相当理想的生存环境。虽然DDT前一年杀死了所有的水生昆虫,但鲑鱼苗的常规食物(最小的昆虫蠓和黑蝇)已经恢复到正常数量。当年鲑鱼苗的食物充足,鲜有竞争对手,因为1954年喷洒的农药杀死了年龄稍大的鲑鱼。结果,1955年孵出的鱼苗生长很快,存活数量异常多。小鲑鱼迅速完成在河流中的发育,提前进入了大海。1959年,这批鲑鱼中多数洄游到这里,给它们的出生地送来大量初次洄游的鲑鱼。

米拉米奇河西北流域仅在一年喷洒过农药,鲑鱼状态相对良好。流域其他河段鲑鱼种群的数量出现了大幅下滑,重复喷药的后果清晰可见。

在所有喷过药的溪流中,各种大小的幼鲑都很罕见。生物学家报告说,最年幼的鲑鱼常常"全军覆没"。1956 年和 1957 年,米拉米奇河西南干流连续喷药,1959 年渔业收成是过去十年里最低的。渔民们发现,在洄游的鲑鱼中,初次洄游的鲑鱼尤其稀少。米拉米奇河河口取样发现,1959 年初次洄游的鲑鱼数量仅为去年的四分之一。1959 年,整个米拉米奇流域首次入海的幼鲑大约六十万条,低于过去三年任一年数量的三分之一。

这种背景下,能否找到替代 DDT 的森林害虫防治方法,将决定新不伦瑞克省鲑鱼渔业的未来。

加拿大东部发生的情况并非独特,只不过喷药范围很广,收集的数据很丰富。美国缅因州也有云杉和香脂冷杉森林,也面临森林昆虫防控的难题。缅因州也有鲑鱼洄游,虽然目前洄游数量只是过去大量洄游的零头,但这点零头也是生物学家和动物保护专家千辛万苦换来的,他们从饱受工业污染和枯枝阻塞的河道中挽救了部分鲑鱼栖息地。尽管喷药被当成武器来对付无处不在的卷叶蛾,但该州受喷药影响的面积较小,尚未包括鲑鱼产卵的重要河段。缅因州内陆渔猎部在某个地区观察到的鱼群情况可能昭示着未来。渔猎部报告说:

> 1958 年刚刚结束喷药,大戈达德溪就发现大量濒死的吸口鱼。这些鱼盲目游窜,出水张口换气,伴有颤抖和抽搐症状,显现出典型的 DDT 中毒症状。喷药五天后,两条拦网捞上来六百六十八条已死的吸口鱼。小戈达德、卡里、阿尔达和布莱克溪流中,也发现大量鲦鱼和吸口鱼死亡。人们常常能看见虚弱、垂死的鱼顺水漂往下游。喷药一周后,不时还能见到瞎眼的垂死鳟鱼一动不动地顺水向下游漂去。

（各项研究证实，DDT 可导致鱼类失明。一位加拿大生物学家在 1957 年考察过温哥华岛北部喷药的后果，表示徒手就可以捞起原本极为凶猛的鳟鱼幼鱼，这些鱼游动迟缓，根本不试图逃脱。检查发现，鱼眼被蒙上了一层不透明的白膜，说明视力已受损或失明。加拿大渔业部的实验研究显示，接触低浓度 DDT[3ppm]而没有死亡的银鲑几乎都表现出失明症状，眼球晶状体明显浑浊。）

凡是存在大片森林的地方，现代昆虫防治方法都会威胁到栖息在林间溪流中的鱼类。1955 年发生了一件轰动全美的鱼类灭绝事件，是黄石国家公园及周边的农药喷洒所致。那年秋天，黄石河中发现了大量死鱼，令垂钓者和蒙大拿州渔猎管理人员大为震惊。受影响的河段大约 90 英里，其中一条 300 码的河岸边发现了六百条死鱼，包括褐鳟、白鲑和吸口鱼。鳟鱼的天然食物水生昆虫完全消失。

林务局官员宣称，他们严格遵照每英亩 1 磅 DDT 的"安全"剂量建议。而喷药的实际后果显示这个建议根本不可靠。1956 年，两家联邦政府部门（鱼类及野生动植物管理局、林务局）和蒙大拿州渔猎部联合开展研究。蒙大拿州那年的喷药面积达 90 万英亩，1957 年再次喷洒其中的 80 万英亩。因此，生物学家确定研究地区并不难。

各地鱼类死亡总是呈现出一些典型特征：森林里弥漫着 DDT 气味，水面漂浮一层油膜，河流沿岸漂浮着死鳟鱼。所有被检测的鱼类，无论死活，体内都累积着 DDT。与加拿大东部情况一样，喷药最严重的一大后果是鱼类所需的可食生物严重减少。在许多研究区域，水生昆虫和其他底栖动物①的种群数量锐减到正常数量的十分之一。一旦被摧毁，这些对鳟鱼生存至关重要的昆虫需要

---

① 译注：底栖动物是指全部或大部分时间生活在水体底部的水生动物群。

很长时间才能恢复。即使到喷药后的第二年夏末,也只有少量水生昆虫得以恢复。而一条曾经富含底栖动物的溪流里,几乎找不到任何一种昆虫,这条河里可供垂钓的鱼类减少了80%。

鱼类并不一定即刻死亡。事实上,蒙大拿州生物学家发现,延迟死亡的数量比当即死亡的多,由于死亡发生在捕鱼季之后,可能没有统计。在他们研究的溪流中,很多死鱼属于秋季产卵的种群,其中包括褐鳟、美洲红点鲑和白鲑。这点不奇怪,无论是鱼还是人,生物体在面对生理压力时(比如鱼类产卵)都会从脂肪储备中提取能量。这将使机体暴露在组织内蓄积的 DDT 全部致命危害之下。

情况至此变得非常清楚,每英亩喷洒 1 磅 DDT 给森林溪流中的鱼类带来严重威胁。此外,防控卷叶蛾的目标并未实现,许多地区进行了重复喷洒。蒙大拿州渔猎部强烈反对继续喷药,声明他们“不愿意为必要性和有效性都令人质疑的喷药计划牺牲渔猎资源”。不过,渔猎部宣称将与林务局继续合作,“确定危害最小的路径”。

但是,这种合作真能拯救鱼类吗?对此,加拿大不列颠哥伦比亚省的经验很能说明问题。该省的黑头卷叶蛾已肆虐数年。林务官员担心再来一季树叶脱落会导致大量树木死亡,于是决定在1957 年开展防治行动。他们与担心鲑鱼洄游问题的渔猎部门进行了多次磋商。林务局森林生物管理部门同意,在不降低有效性的前提下尽可能调整喷药方案,减少对鱼类的危害。

尽管采纳了预防措施、付出了真诚努力,但仍有**至少四条主要河流里的鲑鱼几乎 100% 被毒杀**!

其中一条河里,四万条洄游的成年银鲑所产的幼鲑几乎全军覆没,数千条幼年硬头鳟鱼和其他鳟鱼也遭遇同样下场。银鲑的生命周期为三年,洄游的银鲑鱼群几乎都是同一个年龄段的。像其他鲑鱼一样,它们具有强烈的洄游本能,只洄游到自己出生的那条河,绝不会去其他河流繁殖。这意味着每隔三年这条河里就会完全看不见鲑鱼洄游,除非通过人工繁殖或其他精心安排,才能恢复这一具有重要商业价值的洄游景观。

我们具有既保护森林又不伤害鱼类的解决方法。如果我们自认只能将水道变成死亡之河,那便是听信绝望和失败主义的建议。我们必须广泛采用目前已知的替代方法,必须利用我们的才智和资源开发新方法。有记录的案例显示,自然寄生性生物防治卷叶蛾比喷药更有效,需要充分利用这种自然防治法。可以使用毒性较弱的喷雾剂,或者最好能够引入致使卷叶蛾染病、却不会影响整个森林生态网的微生物。我们后面将看到这些替代方法及其取得的效果。同时,认识到农药喷洒不是防治森林昆虫的唯一或最好的方法,这点极为重要。

杀虫剂对鱼类造成的危害可分为三类。第一类,如我们所知,是针对森林的喷药,影响北方森林河流中的鱼类。这类威胁几乎全是 DDT 造成的。第二类危害范围广,可蔓延,可发散,危及很多地区静止或流动水域的各种鱼类,如鲈鱼、太阳鱼、莓鲈、吸口鱼以及其他鱼类。这类危害涉及现代农用的几乎所有杀虫剂,最常见的是异狄氏剂、毒杀芬、狄氏剂和七氯。第三类必须考虑的是我们基于逻辑推断未来将发生的危害,有关的研究刚刚起步,将为了解杀虫剂如何危害盐沼、海湾和入海口的鱼类提供数据。

新型有机杀虫剂的广泛使用,必然会对鱼类造成严重危害。鱼类对现代杀虫剂的主要成分氯化烃极度敏感。当数百万吨有毒化学药品被洒向地表时,部分农药将不可避免地进入陆地与海洋之间永不停息的水循环。

鱼类死亡事件的报告(其中有些死亡率很高)现在变得司空见惯,美国公共卫生署为此专门设立了办公室,收集来自各州的类似报告,作为水污染评估的一个参数。

鱼类死亡问题关系到广大民众。美国大约 2500 万人将钓鱼当作主要的消遣方式,另有至少 1500 万人会偶尔垂钓。这些人每年在执照、钓具、船只、野营装备、汽油和住宿方面的花销高达 30 亿美元。任何剥夺他们垂钓爱好的事件,都会影响大量的经济利益。商业捕捞就是其中一种利益,更重要的是,代表着我们食物的重要来源。内陆和沿海渔业(离岸捕捞除外)年均产量约为 30 亿磅。我们将看到,杀虫剂入侵溪流、池塘、河流和海湾,目前已经对休闲钓鱼和商业捕捞构成威胁。

农作物喷药造成鱼类死亡的案例随处可见。例如,加利福尼亚州试图用狄氏剂防治稻叶潜叶蝇,结果造成约六万条垂钓鱼死亡,其中多数是蓝鳃鱼和太阳鱼。路易斯安那州用异狄氏剂喷洒甘蔗田,仅 1960 年就发生了三十多起重大鱼类死亡事件。宾夕法尼亚州用异狄氏剂灭杀果园里的老鼠,导致大量鱼类死亡。西部高原喷洒氯丹防治蝗虫,造成许多溪流中的鱼类死亡。

美国南部为防控火蚁,向数百万英亩土地喷药洒粉,规模之宏大鲜有农业计划可匹敌。七氯是主要使用的化学品,对鱼类的毒性略低于 DDT。狄氏剂是另一种用于灭杀火蚁的毒药,已有充足的历史记录显示其对所有水生生物都极为有害。而异狄氏剂和毒杀芬对鱼类的危害更严重。

火蚁防控区内的所有地域,不管施用了七氯还是狄氏剂,都出现了水生生物被毁灭的后果。从研究农药危害的生物学家报告摘录中可见一斑:在得克萨斯州,"尽管努力保护运河,水生生物仍然伤亡惨重","死鱼……遍布所有喷药水域","鱼类大批死亡,持续了三个多星期"。在亚拉巴马州,"喷药几天内,(在威尔科克斯县)大多数成鱼都死了","季节性水域和小支流中的鱼看上去已经彻底绝迹。"

路易斯安那州的农民投诉鱼塘遭受了损失。在不到四分之一英里的运河沿岸上，五百条死鱼漂在水面，或尸横岸边。在另一个教区，太阳鱼死亡和存活的比例是 150：4，其他五种鱼类完全绝迹。

在佛罗里达州一个喷药区，发现池塘中鱼体内含有七氯和其衍生物环氧七氯的残留。其中有垂钓者最爱的太阳鱼和鲈鱼，这类鱼经常出现在晚餐桌上。然而，这些鱼体内含有食品药品监督管理局认定对人类极为危险的化学物质，极微小剂量也有危害。

由于鱼类、青蛙和其他水生生物的死亡报告接踵而至，美国鱼类学家和爬虫学家协会（致力于鱼类、爬行动物和两栖动物研究的权威科学组织）于 1958 年通过一项决议，呼吁农业部和相关州立机构停止"七氯、狄氏剂和同等农药的空中喷洒，以免造成无法修复的损害"。该协会呼吁人们关注栖息于美国东南部的丰富多样的鱼类和其他生物，包括世界上独一无二的珍稀物种。该协会警告说："其中许多动物只分布在很小的区域，因此很容易彻底灭绝。"

南部各州施用杀虫剂控制棉花害虫，也造成大量鱼类死亡。1950 年夏天是亚拉巴马州北部棉花种植区的虫灾季节。此前，只是少量使用有机杀虫剂防治棉铃象。连续几个暖冬导致 1950 年象鼻虫大量滋生，在当地政府官员的鼓动下，估计 80%—95% 的农民转向使用杀虫剂。最受农民欢迎的毒杀芬是对鱼类最具杀伤力的一种化学药品。

那年夏天暴雨频繁，雨水将农药冲入溪流，农民因此加大施药量。每英亩棉田平均施用了 63 磅毒杀芬，部分农民喷药多达每英亩 200 磅；一个头脑发热的棉农每英亩用量竟然超过了 0.25 吨。

后果不难想见。弗林特河流经亚拉巴马州长达 50 英里的棉花种植区，然后进入惠勒水库，这里发生的事情很有代表性。8 月

1 日,弗林特河流域迎来了一场暴雨。雨水令涓涓细流变为小河,最后形成洪流从陆地奔腾入河,弗林特河水位上升了 6 英寸。第二天早上发现,随雨水冲入河中的明显还有许多其他东西。鱼在水面漫无目标地打转,不时有鱼儿蹦到岸上,这些鱼很容易捞起来。一位农民抓了几条放进泉水池,这些鱼在净水中恢复了正常。但河里从早到晚都有死鱼漂下来。而这只是开始,每下一次雨,都将更多杀虫剂冲入河里,杀死更多的鱼。8 月 10 日下了一场大雨,导致整条河流出现大量死鱼,幸存者极少,以致 8 月 15 日毒物再次被冲入河流时,已经没有鱼可毒杀。人们将测试金鱼放入河中网箱里,不到一天都死了,证明存在致命化学药品。

弗林特河死鱼里面包括大量广受垂钓者钟爱的白莓鲈。而在弗林特河注入的惠勒水库中,出现了大量死去的鲈鱼和太阳鱼。这些水域中鲤鱼、牛胭脂鱼、石首鱼、美洲真鰶和鲶鱼这些杂鱼①也所剩无几。这些鱼没有得病的症状,只是临死时游动异常,鱼鳃上出现奇怪的深酒红色。

养殖鱼塘温暖封闭,附近区域一旦施用杀虫剂,极可能对鱼类造成致命危害。很多例子表明,降雨或周围地表径流会将有毒物质带入鱼塘。除此之外,有时实施喷药的飞行员经过鱼塘时没有关闭喷嘴,导致药剂直接洒入鱼塘。即使没有这类复杂情况,正常的农业用药也已经远远超过导致鱼类死亡所需的浓度。一般来说每英亩鱼塘喷药量超过 0.1 磅就已经非常危险,换言之,即使大幅减少施用剂量也不会改变其致命效果。农药一旦进入鱼塘就很难清除。有一个鱼塘用 DDT 灭除不想要的闪光鱼,之后反复换水和冲洗池塘,农药残留仍然存在,后来投放太阳鱼,94% 被杀死了。显然,鱼塘底部淤泥中仍有农药残留。

---

① 译注:水域中不被垂钓者喜爱的鱼。

与现代杀虫剂刚刚投入时相比,当下情况没有明显好转。1961年,俄克拉何马州野生动物保护部门表示,他们每周至少收到一份鱼塘和小湖泊鱼类死亡的报告,而且此类报告不断增多。多年来,造成该州鱼类受损的条件反复出现,已经变得耳熟能详:给农作物喷洒杀虫剂,一场大雨,将有毒物质冲进池塘。

世界上有些地区,池塘养鱼是人们不可或缺的食物来源。这些地区不事先考虑杀虫剂对鱼类的影响,一喷药就会立即出现恶性后果。例如,罗得西亚有一种重要的食用鱼喀辅埃鲷,浅水池中0.04ppm的DDT就会导致鱼苗死亡,即使剂量更小的许多其他杀虫剂也是致命的。喀辅埃鲷生活的浅水区有利于蚊子繁殖。防控蚊子,同时保护中非饮食的重要食用鱼类,这一难题显然还没有得到圆满解决。

菲律宾、中国、越南、泰国、印度尼西亚和印度的虱目鱼养殖面临着类似问题。这些国家在沿海浅水池塘中养殖虱目鱼。成群的鱼苗会突然出现在沿海水域(没有人知道它们从哪儿来),渔民将他们舀起来放入蓄水池中饲养长大。对东南亚和印度数百万以大米为食的人来说,这种鱼是非常重要的动物蛋白来源。因此,太平洋科学大会建议国际社会努力寻找目前未知的虱目鱼产卵场,以便大规模发展虱目鱼养殖。然而,喷药给现有虱目鱼蓄养池养殖造成了严重损失。菲律宾为防治蚊子实施了空中喷药,给养殖者带来惨重的损失。一方池塘养殖了十二万条虱目鱼,喷药飞机经过之后,尽管养殖户拼命向池塘灌水进行稀释,仍有超过半数的虱目鱼死亡。

1961年,得克萨斯州奥斯汀南边的科罗拉多河,发生了一起近年来最惊人的鱼类死亡事件。1月15日,星期天拂晓不久,奥斯汀新镇湖及下游约5英里处的河流里出现死鱼。前一天尚没有出现这种情况。周一,报告说下游50英里处发现死鱼。此时,显然有一波有毒物质正随着河水向下游移动。到1月21日,下游100英里处的拉格兰奇附近也发现死鱼,一周后,这些化学物质开始在奥斯汀以南200英里处杀死鱼类。1月份的最后一周,内河航道船闸被关闭,阻断来自马塔戈达湾的有毒水流,将其引入墨西哥湾。

同时,奥斯汀的调查人员注意到四周类似氯丹和毒杀芬的异味,这种气味在一个雨水排水口的排放物中尤其浓烈。该排水管道因工业废弃物出现过问题。得克萨斯州渔猎委员会的官员开始沿湖追溯这种异味的来源,发现一家化工厂的所有排放口包括进料管线都散发着类似六氯化苯的气味。该化工厂主要出产DDT、六氯化苯、氯丹和毒杀芬以及少量其他杀虫剂产品。该厂经理承认,最近有杀虫剂干粉被冲入雨水排放管道。更严重的是,他承认,过去十年里,厂里一直采用这种方式处理杀虫剂溢出物和残留物。

渔业官员进一步调查发现,其他化工厂也存在雨水或者日常清洁用水将杀虫剂带入下水道的情况。他们也发现了整个污染链的最后一环,在湖泊和河流发生鱼类死亡之前几天,为了清理沉积物,人们用数百万加仑的水对整个雨水管道系统进行了高压冲洗。这次冲刷无疑将砾石、沙子和瓦砾中沉积的杀虫剂释放了出来,被带入湖泊和河流里。后来的化学测试证实了杀虫剂的存在。

大量致命物质沿科罗拉多河漂流向下,一路带来死亡。湖下游140英里以内,鱼类几乎死光。人们后来用围网捕捞,试图发现是否有鱼幸免于难,却一无所获。一英里的河岸上,总计27种死鱼,重量约1000磅。其中有该河岸主要垂钓鱼种沟鲶,也有蓝鲶和扁头鲶、杜父鱼、四种太阳鱼、闪光鱼、鲮鱼、曲口鱼、大嘴鲈鱼、鲤鱼、鲻鱼、吸口鱼。还有鳗鱼、雀鳝、鲤鱼、鲤亚口鱼、美洲真鰶和牛胭脂鱼。有些鱼肯定是水中酋长,从体型大小就知道已在河中生活多年。许多扁头鲶体重超过 25 磅,据说河边居民捡到过 60 磅重的,而官方记录的一条大蓝鲶重达 84 磅。

渔猎委员会预测,即使没有进一步的污染,这条河里鱼类种群的构成多年都很难恢复。有些本来就濒危的物种可能永远都无法重建种群,其他物种也只能借助州政府大规模人工养殖才可能重建。

这便是我们掌握的奥斯汀鱼灾情况,几乎可以肯定会有后续影响。有毒河水下游 200 多英里后仍具有致命杀伤力,一旦进入遍布牡蛎养殖场和海虾捕捞场的马塔戈达湾水域,后果将不堪设想,因此人们才将有毒水流引流到开阔的海湾水域。有毒水体在海湾里有什么后果?其他数十条可能携带同样致命污染物的河流汇入海湾,又怎么样呢?

目前,我们对这些问题的回答大多数只能靠推测,但人们越来越关注农药污染对河口、盐沼、海湾和其他沿海水域的影响。这些地区不仅要接纳被污染的河流,而且经常在人们灭杀蚊虫时被直接喷药。

农药对盐沼、河口与宁静海湾地区生命的影响,没有任何地方比佛罗里达州东海岸印第安河县一带表现得更加直观真切。1955年春天,圣露西县为消灭沙蝇幼虫,向大约 2000 英亩盐沼地喷洒狄氏剂,施用浓度为每英亩 1 磅有效成分,对水域生物造成了灾难性影响。佛州卫生委员会昆虫学研究中心的科学家调查了喷药造成的屠杀后果,报告说鱼类"基本灭绝",海岸上到处都是死鱼。从空中可以看到,大批鲨鱼游过来吞食水中无声无息、濒临死亡的鱼。死鱼中有鲻鱼、锯盖鱼、银鲈和食蚊鱼,各种鱼无一幸免。

除去印第安河县沿岸,整个沼泽地带瞬间毙命的鱼类最少有 20—30 吨,大约 1175000 条鱼,包括 30 多个鱼种[R. W. 小哈里顿和 W. L. 毕德令梅耶调查组的报告]。

软体动物似乎未受狄氏剂伤害，但整个地区的甲壳动物完全灭绝了。整个水生螃蟹种群遭到明显破坏，其中提琴蟹几乎被全歼，只有农药颗粒遗漏的零星沼泽地中，仍有个别幸存者在苟延残喘。

体型较大的垂钓和食用鱼死亡最快……螃蟹捕捉并吞食了垂死的鱼，第二天它们自己也死了。蜗牛继续吞食死鱼躯体。两周后，死鱼残骸荡然无存。

已故赫伯特·米尔斯博士在佛罗里达对岸的坦帕湾也观测到同样悲惨的画面。全美奥杜邦协会在坦帕湾（含威斯奇斯坦普礁岛）建立了一个海鸟保护区。具有讽刺意味的是，在当地卫生部门实施了一场消灭盐沼蚊的运动之后，保护区成了一个可怜的避难所。鱼类和螃蟹再次成为主要受害者。提琴蟹是一种美丽的小型甲壳纲动物，它们像放牧的牛群一样成片在泥滩或沙地上漫步，对农药全无招架之力。经过夏秋两季连续喷药后（有些地区喷药多达十六次），米尔斯博士进行了总结："这一次，提琴蟹明显连续减少，今天（10月12日）的潮汐和天气情况下，这附近本来应该有十万只提琴蟹，现在目测海滩上不超过一百只，而且都是非死即病，颤抖着，抽搐着，磕绊着，几乎无法爬行；邻近未喷药的地区，提琴蟹则随处可见。"

提琴蟹在其所处的生态世界中发挥着必不可少、难以替代的作用。它是许多动物的重要食物来源。沿海浣熊以它们为食，如长嘴秧鸡和滨鸟这类栖居沼泽的鸟类，甚至来访的海鸟，也都以提琴蟹为食。新泽西州一片喷洒过DDT的盐沼地中，笑鸥的正常种群数量在几周内下降了85%，估计是喷洒农药后，笑鸥找不到足够的食物。沼地提琴蟹还有其他方面的重要作用。它们是有益的清道夫，无所不在的穴居有助于沼泽泥土透气，还给渔夫提供了大量饵料。

提琴蟹不是潮汐沼泽和河口唯一受到农药威胁的生物；其他对人类更重要的物种也濒临灭绝。切萨皮克湾和其他大西洋沿岸地区著名的蓝蟹就是一个例子。这些螃蟹对杀虫剂极为敏感，每一次向潮汐沼泽中的小溪、沟渠和池塘喷洒农药，都会杀死大多数蓝蟹。不仅本地螃蟹被杀死，久久不散的毒药也导致从海里迁徙过来的螃蟹窒息而亡。有时可能是间接中毒，例如在印第安河县附近沼泽中，清道夫蟹侵食垂死的鱼类，很快也中毒而亡。农药对龙虾的危害我们还知之甚少，但龙虾与蓝蟹属于同一类节肢动物，生理结构基本相同，估计会受到相同的影响。作为人类食物，具有直接经济重要性的石蟹和其他甲壳类动物应该也是如此。

近岸水域，如海滨、海湾、河口、潮汐沼泽，构成一个最重要的生态单元。它们与许多鱼类，软体动物和甲壳类动物的命运密切相关，无法切割，如果这些水域不再适合栖息，这些海鲜将从我们餐桌上消失。

即使是沿海水域中广泛分布的鱼类，许多也会到受保护的近岸水域繁殖和养育鱼苗。佛罗里达州西海岸三分之一的红树林小溪和运河交错相连，如迷宫一样，里面生活着大量海鲢幼鱼。[①] 在纽约以南的大西洋沿岸内湾里，岛礁和堤岸之间的沙质浅滩宛若一条保护链，是海鳟、黄鱼、斑鱼和石首鱼产卵的地方。幼鱼孵化后会被潮汐带入内湾。它们在库里塔克、帕姆利科、博格海湾和其他海湾、海峡里能找到丰富的食物，迅速成长。如果没有这些温暖、安全、食物充足的保育区，很多物种的种群将无法维持。而我们却允许对周边沼泽地直接喷药，允许杀虫剂通过河流入海。这些鱼苗比成鱼对直接的化学药品毒害更敏感。

海虾也依赖近岸水域繁育后代。种群丰富分布广泛的虾类是

---

① 译注：运河出口指的是奥基乔比县水路附近的迈尔斯堡市。

大西洋和墨西哥湾南部沿岸各州商业捕鱼的主要支柱。成虾在海里产卵，幼仔出生几周后便进入河口和海湾，在这里以水底碎屑为食，从五六月一直待到秋天，完成连续蜕皮和形态变化。在整个近海生活期间，海虾种群及其所支持的产业均依赖河口的有利条件。

杀虫剂是否会对海虾渔业和市场供应构成威胁？商业渔业局最近的实验室研究或许能够提供答案。刚过幼苗期的市场小海虾对杀虫剂的耐受性极低，只能以 **ppb（十亿分之一）**为浓度单位来计量，而非更常见的 ppm 浓度单位。例如，某次实验中，一半海虾死于浓度为 15ppb 的狄氏剂。其他化学品毒害性更大，异狄氏剂是一种最致命的农药，仅需 **0.5ppb** 的浓度，就能够杀死半数的海虾。

农药对牡蛎和蛤会造成多重威胁。它们的幼体阶段也是最脆弱的。这些贝类生活在从新英格兰到得克萨斯州的海湾、海峡和潮汐河底部，以及太平洋海岸荫蔽水域。成年贝壳静止不动，它们在海里产卵，幼贝在海里自由生长几个星期。夏季，渔船会拉着细密的拖网，随着漂游的浮游动植物，打捞起无比细小、脆如玻璃的牡蛎和蛤幼体。这些尘埃大小的透明幼体在海面上游动，摄食微小的浮游生物。如果微小的海洋植被遭到破坏，幼小的贝类就会饿死。然而，农药很可能会破坏大量浮游生物。常用于草坪、耕地、路边甚至沿海沼泽地的除草剂对幼体所食的浮游生物有剧毒，部分仅需不足 10ppb 的浓度即可致命。

极低浓度的常见杀虫剂便能杀死纤小的贝类幼体。即使接触的杀虫剂剂量不足以致死，也必然会阻碍幼体的生长速度，最终导致幼体死亡。这意味着延长幼体必须生活在有害浮游生物世界中的时间，从而降低它们发育成熟的机率。

成年软体动物直接中毒的风险显然低很多，至少某些杀虫剂对它们而言是这样。但这不意味着可以高枕无忧。牡蛎和蛤类的消化器官和其他组织中可能会蓄积这些毒素。这两种贝类通常是被整体食用，有时甚至是生食。商业渔业局的菲利普·巴特勒博士曾做过一个不祥的比方，说我们可能会遭遇与知更鸟同样的处境。他提醒我们，知更鸟并非死于直接 DDT 喷洒，而是因为吃了体内组织中已经累积了农药的蚯蚓。

　　昆虫防治导致溪流或池塘中成千上万的鱼类或甲壳类动物突然死亡，后果直接而明显，令人感到震撼而惊恐。而那些随溪流和河水间接进入河口水域的农药所造成的影响，虽然肉眼不可见、大部分情况下不为人知也无法估量，最终却可能是更大的灾难。整体情况还存在很多疑问，而目前还没有令人满意的解答。我们知道，农场和森林径流中所含农药汇入了许多甚至所有主要河流，最终流入海洋。但我们不知道这些化学药品的种类或总量，一旦汇入海洋，高度稀释的情况下，我们目前也没有可靠检测手段可以加以识别。尽管我们知道化学药品在长时间地转移中几乎必然会发生变化，但我们不知道变化生成的化学药品比原来的毒性更大还是更小。另一个几乎尚未探索的领域是化学物质之间的相互作用。这一问题在化学物质进入海洋环境后变得尤为紧迫，许多不同矿物质会发生混合和转移。所有这些问题都迫切需要从广泛研究中获得准确答案，而用于这方面研究的资金却少得可怜。

　　淡水和咸水渔业是非常重要的资源，涉及无数人的利益和福祉。如今，化学物质进入我们的水域，严重威胁渔业，这一点毋庸置疑。如果将每年用于开发更强毒性杀虫剂经费中的一小部分投入建设性研究，我们就能找到利用危险较小的物质将毒物从水道中排除出去的方法。公众何时才能充分认清事实、呼吁采取这种行动呢？

第十章　灾难从天而降

起初,空中喷药范围小,仅限于农田和森林。如今,范围持续扩大,剂量不断增加,正如最近一位英国生态学家所言,已经变成洒向地球表面的"骇人的死亡之雨"。我们对有毒药品的态度也在悄然改变。以前这些毒药保存在容器里,上面标有骷髅头的剧毒标识,同时非常仔细地表明,只有在少数情况下才能施用于指定对象。随着新型有机杀虫剂的研制,加上二战之后飞机过剩,这些注意事项都被抛诸脑后。现在的毒药尽管远比以往所知任何毒药都危险,却时常从天空中被漫无目标地喷洒下来,令人震惊。农药所及之处,不仅是需要被消灭的昆虫和植物,包括一切人类和其他所有生物都会尝到毒药的滋味。喷洒范围不仅限于森林和耕地,还包括乡镇和城市。

从高空向几百万英亩土地喷洒剧毒农药,这一计划让很多人深感不安,20世纪50年代后期的两次大规模喷药愈发加重了人们的疑虑。两次喷药运动分别要消除东北各州舞毒蛾和美国南部的火蚁。这两种昆虫都不是本土昆虫,但都在美国存在多年,并没有造成需要竭力应对的灾害。然而,为了目标不择手段的理念已经根深蒂固,农业部虫害防治部门还是断然启动了这两项灭虫项目。

舞毒蛾灭杀计划显示,用大规模、不计后果的治理方法代替局部的、温和的防控,会造成巨大的损害。灭杀火蚁计划是一个贸然行动的极端案例,不仅过分夸大了杀虫的必要性,对控制火蚁所需剂量和对其他生物的影响也完全缺乏科学知识。两个项目都没有达成目标。

舞毒蛾原生于欧洲,进入美国已近百年。1869 年,在马萨诸塞州的梅德福,法国科学家罗伯特·察乌罗特尝试让舞毒蛾与蚕蛾杂交时,不小心让几只舞毒蛾从实验室里飞出去。舞毒蛾随后一点点地在整个新英格兰蔓延开去。舞毒蛾大量传播的主要媒介是风,这种蛾的幼虫非常轻盈,随风飘得很高很远。另一种途径是在冬季通过植物携带其虫卵进行传播。每年春天有几周时间,舞毒蛾的幼虫会侵害橡树或其他硬木的树叶。目前,新英格兰地区①各州都出现了舞毒蛾。新泽西州不时也会发现舞毒蛾,系1911 年由荷兰进口的云杉带入的。密歇根州也发现了舞毒蛾,不过其进入途径尚不得而知。1938 年,新英格兰的飓风将舞毒蛾带到了宾夕法尼亚州和纽约州,但阿迪朗达克地区的树种对舞毒蛾缺乏吸引力,从而成为阻止其西进的屏障。

人们借助多种方法,成功地将舞毒蛾限制在美国东北部。舞毒蛾进入美洲大陆后近一百年来,人们一直担心它会侵犯阿巴拉契亚山区南部的硬木森林,这种担忧看来不成问题。从国外进口的十三种寄生虫和捕食性昆虫,已经在新英格兰地区成功定居,农业部自己认为这种方法显著降低了舞毒蛾爆发的频率以及危害性。通过自然防治、检疫手段和局部喷药相结合的方法,新英格兰

---

① 译注:新英格兰地区指美国东北部六州:康涅狄格州、缅因州、马萨诸塞州、新罕布什尔州、罗得岛州、佛蒙特州。

地区在 1955 年实现了农业部所称道的"显著限制了舞毒蛾的传播和危害"。

然而仅仅过了一年,农业部植物害虫防治处就启动了新的计划,宣布将在一年中对几百万英亩的土地进行地毯式喷药,以彻底"根除"舞毒蛾。("根除"意味着在分布区域中完全、彻底地消灭或终结一个物种。随着计划连续失败,农业部认为有必要在同一地区第二次、第三次地强调"根除"同一个物种。)

农业部全力消灭舞毒蛾的化学战争一开始便野心勃勃。1956年,农业部对宾夕法尼亚州、新泽西州、密歇根州和纽约州内总计近 100 万英亩的土地进行喷药。喷药区很多居民抱怨农药带来了危害。随着大面积喷药变成惯例,自然保护者愈发担忧。1957年,当官方宣布 300 万英亩土地喷药计划,反对声更强。州级和联邦农业官员依然故我,认为个别抱怨无关紧要。

包含在 1957 年灭舞毒蛾喷药计划中的长岛地区,主要为人口密集的城镇、郊区以及盐沼周围的海岸区,其中那沙县人口密度在纽约州内仅次于纽约市。最荒谬透顶的是,"舞毒蛾泛滥会威胁纽约市区"竟然是该喷药计划的一个重要理由。舞毒蛾是一种森林昆虫,肯定无法在城市环境里生存,也不可能在草地、耕地、花园和沼泽里生活。虽然如此,1957 年美国农业部、纽约州农业部门和市场部门仍然雇用了飞机,把预先配制好的油溶 DDT 不加区分进行喷洒,包括菜地、制酪场、鱼塘和盐沼。农药浇洒到郊外街区,一位家庭主妇听到飞机轰鸣声,竭尽全力想赶在之前尽快盖好她的花园,却被药水淋湿了衣裳;在外玩闹的孩子和火车站上下班的人们也淋到了农药。在锡托基特,一匹健壮的奎特马在刚喷过药的田间水沟里饮水,十小时后死亡。汽车上落满斑斑点点的油类混合物,花草和灌木都被毁了,鸟儿、鱼儿、螃蟹和益虫都被杀死了。

世界知名的鸟类学家罗伯特·库什曼·墨菲曾带领一群长岛居民走上法庭,请求法院颁布禁令阻止1957年的喷药行动。起初禁令被法院驳回,这些抗议的居民只能忍受既定的 DDT 喷洒,但他们仍然坚持申请,希望能够获得永久禁令。但由于喷药已经完成,法院判定该禁令的申请"已无实际意义"。抗议居民一路上诉到最高法院,均没有被受理。威廉·道格拉斯大法官对最高法院拒绝受理此案表示强烈不满,他认为"许多专家和负责任的官员对 DDT 的危害发出警告,足以强调这一案件对民众的重要性"。

长岛居民提起出的诉讼,至少引起公众关注大规模杀虫药施用的增长趋势,关注防治部门的权力及如何漠视民众不可侵犯的私人财产权。

灭杀舞毒蛾的喷药过程中,牛奶和农产品污染给很多人带来极不愉快的意外。纽约州北韦斯特切斯特县占地200英亩的华伦牧场所发生的情况,很说明问题。向林木喷药不可能避开牧场,为此华伦夫人特地请求农业部官员不要喷洒她的土地。她主动提出接受对自家土地进行舞毒蛾排查,一旦发现就通过点状喷洒进行清除。尽管她得到了不被喷药的保证,她的土地仍然经受了两次直接喷洒和两次别处飘来的药雾。喷药48小时后,对华伦牧场纯种根西牛所产牛奶进行抽样检测,发现 DDT 浓度为14ppm。牧场草料样本自然显示也被污染了。尽管县卫生部门已经得知这一情况,却没有禁止这批牛奶上市销售。不幸的是,这种缺乏消费者保护的典型事例,极为普遍。尽管食品药品监督管理局禁止牛奶中含有任何杀虫剂残留,但监管执行力度不够,且该禁令只适用于跨州运输的奶制品。除非地方法规与联邦一致,否则各州和各县官员没有任何压力必须去遵守联邦政府的农药残留容许值标准,而地方法规确实鲜少有此规定。

菜农也是受害者。有些叶类蔬菜被灼烧,叶面斑斑点点,无法出售。其他蔬菜含有大量残留,康奈尔大学农业实验站检测的豌豆样品的DDT含量达到14—20ppm,而法定最大值仅为7ppm。菜农们要么必须承受巨大损失,要么非法售卖农药残留超标的农产品。部分菜农诉诸法庭,获得了赔偿。

随着DDT空中喷洒日益增加,法院受理的诉讼案件也不断增多。其中包括纽约州几个地区蜂农提起的诉讼。1957年喷药行动之前,果园中DDT的施用已经给蜂农带来巨大损失。一位蜂农苦涩地表示:"1953年之前,我一直把美国农业部和农业院校说的每一句话奉为圭臬。"当年5月,州政府大规模喷洒农药,导致他损失了八百个蜂群。那次喷药造成的损失严重,波及面很广,因此他和另外十四位蜂农一起将州政府告上法院,要求赔偿25万美元。还有一位养蜂人,他的四百个蜂群不巧成了1957年喷药行动的目标,他报告说在林区活动的工蜂(负责外出采集花蜜和花粉筑巢的蜜蜂)全部死亡,即便是喷药较少的农田区域,工蜂死亡率也达到50%。这位养蜂人写道:"5月份走进园子里却听不到蜜蜂的嗡嗡声,太令人痛苦了。"

舞毒蛾防治计划充满了不负责任的行为。比如,喷药飞机是按照喷洒药量而不是喷洒面积付费的,没有人努力节省农药,许多地域因而被多次喷药。至少有一个诉讼案子显示,政府是和没有当地地址的州外商业公司签订的空中喷药合同,违反了必须在本州注册以便确立法律责任的规定。在这种极不明确的情况下,果园或蜂群受到危害的人蒙受了直接经济损失,却找不到起诉对象。

1957年灾难性的喷药行动之后,这个项目突然戏剧性地大幅缩减,官方含糊其词地声明,要"评估"之前的工作并测试替代性杀虫剂。1957年的喷药面积是350万英亩,1958年减少到50万英亩,而1959年、1960年、1961年,每年的喷洒面积仅为10万英亩。这期间,防治部门一定为舞毒蛾在长岛的大量重现深感不安。

该喷药行动耗资巨大，计划永远清除舞毒蛾，结果却未能奏效，农业部的公信力与信誉因此大打折扣。

与此同时，农业部植物害虫防治处工作人员暂时遗忘了舞毒蛾，开始忙着在南部启动一个更加野心勃勃的项目。农业部的油印机仍然频繁出现"根除"一词，这次的新闻发布承诺要"根除"火蚁。

火蚁，因被其蜇伤后会产生火灼感而得名，第一次世界大战后不久被发现的，似乎是从南美洲经亚拉巴马州莫拜尔港进入美国。到1928年，火蚁扩散到莫拜尔港郊区，之后继续蔓延，目前已经入侵南部大多数州。

火蚁进入美国四十多年，很少引起关注。只有数量庞大的几个州，因其常在地面堆起高达尺许的庞大窝巢，才认为火蚁很碍事。这些巢丘会妨碍农业机械操作。只有两个州把火蚁列在二十种重要害虫清单表的末尾，可见官方或私人都没有觉得这种火蚁会对农作物或牲畜构成威胁。

然而，随着各种剧毒化学药物的研发，官方对火蚁的态度突然发生了转变。1957年，美国农业部发起了一次在其历史上最引人瞩目的宣传活动。突然间，政府新闻稿、宣传电影和政府主导的故事都将矛头对准了火蚁，火蚁成了南方农业的掠夺者，禽鸟、牲畜和人的杀手。联邦政府与受影响的各州合作发起了一项庞大的行动计划，对南方九个州共2000万英亩的土地进行火蚁防治。

1958年，火蚁防治计划如火如荼地进行着，一家商业杂志兴高采烈地报道说："随着美国农业部大规模灭虫计划越来越多，杀虫剂制造商显然迎来了大好商机。"

除了那些趁此"商机"大发横财的人，从来没有哪次灭虫计划遭到如此一面倒的公众谴责。这个防治行动规划糟糕、执行混乱、危害深重，是大规模昆虫控制失败的显著案例。这次试验耗费巨资，生灵涂炭，造成农业部公信力丧失，若仍有任何资金继续投入其中，则将令人无法理解。

最初赢得国会支持火蚁计划的依据，后来被证实完全不可信。那些信息称，火蚁叮咬地面营巢中的幼鸟，从而毁坏庄稼、伤害野生动植物，对南部农业造成严重威胁。还说火蚁叮咬会对人体健康构成重大危害。

这些说法是否可靠呢？这些旨在争取农业部拨款的发言人所做的证词，和农业部核心出版物的内容并不一致。1957年农业部发布的《杀虫剂推荐：针对侵害农作物和牲畜的昆虫治理》公告没有提及火蚁。如果农业部相信自己的出版物，这是一个令人惊愕的"纰漏"。另外，在长达五十万字的百科全书似的《昆虫年鉴》（1952年）中，只有一个短短的段落提及火蚁。

农业部宣称的火蚁会毁坏庄稼和伤害牲畜的说法缺乏依据，与火蚁打交道最多的亚拉巴马州农业实验站对此进行了详尽研究，提出了截然相反的看法。亚拉巴马州科学家认为，火蚁"危害庄稼的情况非常罕见"。亚拉巴马州理工学院昆虫学家、美国昆虫学会1961年轮值主席F. S. 阿兰特博士说，他们系"过去五年中从未收到过任何火蚁危害植物的报告……没有观测到火蚁侵害牲畜的情况"。在野外和实验室观察火蚁的研究人员说，火蚁主要以其他昆虫为食，其中多数昆虫对人类有害。据观察，火蚁会从棉花上捕食棉铃象幼虫，他们的筑巢活动有利于疏松土壤和促进排水。密西西比州立大学的调查证实了亚拉巴马的研究结果。这些研究远比农业部的证据更有说服力，后者显然来自对农民的访谈或过时的研究，而农民难免会混淆不同种类的蚁群。不少昆虫学家认为，火蚁的摄食习惯随着数量增多而发生了改变，几十年前的观察结论对现在参考价值不大。

火蚁威胁人类健康乃至生命的观点本身就值得重大修正。为了争取民众对火蚁防治计划的支持,农业部拍摄了一部宣传片,展示火蚁蜇咬的惊悚情景。被蜇咬当然很痛苦,我们也再三提醒人们避免蜇伤,就像人们通常会避免黄蜂或蜜蜂蜇刺一样。敏感个体可能偶尔会出现严重反应,医学文献记载过一起虽未经证实但可能与火蚁毒液有关的死亡案例。相较之下,人口统计局仅在1959年就报告了三十三起蜜蜂和黄蜂蜇伤导致的死亡案例,却没有人提议"根除"黄蜂和蜜蜂。再次重申,当地的证据更令人信服。亚拉巴马州的火蚁种群密度最大,已经存活了四十年,但该州卫生官员称:"这里从来没有过人类因外来火蚁叮咬而死亡的案例",因火蚁叮咬导致的医疗事件属于"偶然"。草坪和游乐场地上的火蚁巢丘确实可能导致儿童被蜇刺,但这远远不能作为给几百万英亩土地喷洒毒药的借口。这种情况,只要对巢丘做个别处理就能轻易解决。

　　火蚁危害猎禽的说法也同样缺乏证据。莫里斯·F.贝克博士对此最有发言权,他是亚拉巴马州奥本野生动物研究中心的负责人,在该领域从事研究工作多年。贝克博士的观点与农业部完全相反,他明确表示:"亚拉巴马南部和佛罗里达西北部是极好的打猎区,北美鹑与大量外来火蚁在这里和谐共存。火蚁在亚拉巴马南部存在近四十年,猎禽数量一直保持稳定大幅的增长。如果外来火蚁严重威胁野生动物,肯定不可能存在这种增长。"

　　消除火蚁所用的杀虫剂对野生动植物造成的后果,该当别论。这里所用的狄氏剂和七氯是相对新型的药物,野外施用的经验甚少,没有人知道大规模施用会对野生鸟类、鱼类或哺乳动物产生何种影响。但大家都知道这两种毒物的毒性超过DDT若干倍,在当时,DDT已应用了大约十年,即使每英亩施用1磅DDT,也会杀死一些鸟和很多鱼。而狄氏剂和七氯施用剂量更高,大多数情况下每英亩 2 磅,如果同时防控白边甲虫,则每英亩施用 3 磅狄氏剂。至于对鸟类的影响,每英亩规定施用的七氯相当于 20 磅 DDT,而狄氏剂浓度则相当于 120 磅 DDT!

　　该州大多数自然保护部门、国家自然保护局、生态学家甚至不少昆虫学家,都提出紧急抗议,要求时任农业部部长的叶兹拉·本森推迟这个计划,至少等到七氯和狄氏剂对野生及家养动物影响的调查研究完成,以确定治理火蚁所需最低剂量后。但农业部无视这些抗议,于 1958 年开始执行喷药计划,第一年喷洒了 100 万英亩。很显然,任何研究工作都是马后炮了。

　　随着灭蚁计划的推进,州级和联邦的野生动植物机构以及高校生物学家研究积累了大量数据,证明喷药对有些地区造成的严重危害,足以彻底摧毁野生动物,连家禽、家畜和家养宠物也都难逃一死。农业部却以"夸大其词"和"误导公众"为理由,矢口否认了所有证据。

　　然而,真实例子不断涌现。比如,得克萨斯州汉丁县在施用农药后,负鼠、犰狳和大量浣熊全部覆灭。即便是施药后第二年秋天,这些动物仍是屈指可数。仅存的几只浣熊体内都发现了农药残留物。

　　死鸟身体组织的化学分析清楚地显示,这些鸟都曾吸收或吞食了灭杀火蚁的毒药。(麻雀是唯一存活数量较多的鸟类,其他地区情况相似,证明这种鸟可能对药物有免疫力。)1959 年,亚拉巴马州一大块土地被喷药后,一半的鸟类死了。生活在地面或者低矮植被中的鸟类 100% 都死了。喷药一年后的春季是死寂的,仍然没有鸣禽,大好的营巢地带空空荡荡,悄无声息。在得克萨斯州,鸟巢附近发现了许多死去的燕八哥、黑鹂和百灵鸟,很多鸟巢被荒弃。鱼类及野生动植物管理局分析了得克萨斯、路易斯安那、亚拉巴马、佐治亚和佛罗里达各州送来的死鸟样本,发现 90% 以上都含有高达 38ppm 的狄氏剂或某种七氯的残留。

现在,繁殖于北方、在路易斯安那州过冬的山鹬体内也已带有灭火蚁农药成分,其污染来源显而易见。山鹬主要以蚯蚓为食,用细长的鸟喙在土中翻找蚯蚓。而施药六到十个月后,路易斯安那州存活的蚯蚓体内七氯残留为 20ppm,一年之后仍然残存 10ppm。火蚁灭杀计划实施当季就已发现,山鹬间接中毒导致幼鸟与成鸟的比例明显下降。

北美鹑的情况令南部狩猎者最为难过。在喷药区,这种地面筑巢和觅食的小鸟已经死绝。以亚拉巴马州为例,该州野生动物联合研究中心的生物学家曾对计划喷药的 3600 英亩土地做过初步摸底统计,发现共有十三个鸟群,一百二十一只北美鹑。喷药结束两周后,触目所见都是死鹑。所有送到鱼类及野生动植物管理局检测的死鸟样本都含有足以致死的农药残留。得克萨斯州重现了亚拉巴马州的情况,在 2500 英亩喷洒过七氯的土地上,所有鹑类都死了,随之而亡的是 90% 的鸣禽。同样,检测发现死鸟体内组织中含有七氯。

除北美鹑外,野火鸡数量也因为火蚁杀灭计划而急剧减少。亚拉巴马州威尔科克斯县某地原本生活着八十只野火鸡,喷洒七氯后,那个夏天连一只火鸡也看不到,只有一窝未孵化的火鸡蛋和一只死去的小火鸡。家养火鸡和野火鸡可能遭遇相同,喷药区的农场里很少有幼鸟孵出,极少火鸡蛋能成功孵化,孵出的幼鸟也无法存活。附近没有喷药的地区则没有这种现象。

火鸡的命运不是孤例。克拉伦斯·科塔姆博士是美国最受人尊敬的知名野生物学家,他走访了不少土地喷过药的农民。他们说,喷药后"树上所有小鸟"似乎都消失了,其中多数人还损失了牲口、家禽和家庭宠物。克台姆博士写道,有一位农夫"对喷药者尤其愤怒,他说曾经亲手埋葬或用其他方法处理了十九头中毒死亡的奶牛尸体。他还知道另外三四头牛也死于喷药,连出生后吃母乳的小牛犊也死了"。

土地喷药后几个月里所有发生的事情,让克台姆博士访谈过的人们感到困惑难解。一位女士告诉博士,喷药后她让几只母鸡开始孵蛋,"不知为什么,几乎没有破壳的小鸡,成活的也少"。另外一个农民"是养猪的,毒药喷洒后整整九个月里,没有养大一只小猪。猪崽要么生下来就是死胎,要么出生不久便夭折"。另一位有同样遭遇的农民说,正常情况下三十七窝猪崽应该有二百五十头,却只有三十一头猪崽存活下来。此外土地被喷药后,这个农民再也无法养鸡。

农业部一直否认牲畜死亡与火蚁防治行动有关。佐治亚州班布里奇市兽医奥蒂斯·L.波特维特博士处理过许多受害动物,他总结杀虫剂导致牲畜死亡的原因如下:喷洒灭火蚁农药后两周到几个月内,耕牛、山羊、马、鸡、鸟和其他野生动物开始患上一种致命的神经系统疾病。只有接触过污染食物或水的动物才会受到影响,圈养动物则不会。这种情况仅仅发生在火蚁防治地区,实验室疾病检测呈阴性。波特维特博士和其他兽医观察到的症状,与权威著作中描绘的狄氏剂或七氯引起的中毒症状一致。

波特维特博士还描述了一个很有意义的病例。一头两个月大的小牛出现了七氯中毒症状,实验室经过彻底检测获得了重要发现,小牛脂肪里七氯浓度高达79ppm。但这时候距离喷药已经过了五个月。这头小牛是直接吃草积累七氯,还是间接从母乳那里吸收,甚至出生之前就已中毒呢?波特维特问道:"如果七氯残留来自牛奶,我们为什么不采取特别的预防措施,保护我们食用当地奶制品的孩子们?"

波特维特博士的报告提出了一个关于牛奶污染的重大问题:火蚁扑灭计划覆盖的区域以田野和农田为主,这些土地上放牧的奶牛会怎么样？喷过药的田野上，青草不可避免会携带某种形式的七氯残毒，如果奶牛吃了这些青草，牛奶中会出现农药残留。早在施行火蚁防治计划之前(1955年)，已有实验展示七氯会通过这种方式直接进入牛奶，后来用于火蚁防治计划的狄氏剂也有类似的实验报道。

农业部年度出版物现在已经将七氯和狄氏剂纳入一份化学药品清单，清单上都是会导致牧草不宜喂养产奶或产肉牲畜的化学品，而农业部防控部门仍在南部牧场推广大规模的七氯和狄氏剂喷洒计划。谁来保护消费者，确保牛奶中没有狄氏剂和七氯残毒？美国农业部无疑会说他们已经劝告农民，至少三十天到九十天内不要让奶牛出现在喷药区域。由于许多农场面积小，而喷药规模很大(许多农药喷洒是飞机作业)，令人极为怀疑农业部建议的执行程度或可行性。从农药残留的持久性来看，建议的驱离时间远远不够。

虽然食品药品监督管理局对牛奶中出现任何农药残留都极为不满，对此却束手无策。火蚁防治计划所覆盖的大多数州，奶制品行业规模小，产品也没有跨州销售。因此，联邦政府灭蚁计划带来的牛奶供应危机只能依靠各州自行解决。1959年，对亚拉巴马、路易斯安那和得克萨斯各州卫生部门和其他有关官员的询问显示，奶制品没有进行检测，人们甚至不知道牛奶是否已被杀虫剂污染。

另外，火蚁计划启动之后，人们才开始展开本应事先进行的七氯特性研究。也许更准确的说法是，总算有人去查阅以前公开发表的研究成果。这些研究数年前已经发现联邦政府采取如此措施会带来的后果，这些事实本该对联邦灭虫计划的早期工作有所影响。那时候的研究发现，七氯在动植物组织或土壤中只需很短时间，就会变成一种毒性更强的环氧化物，即通常所说的风化作用生成的"氧化物"。事实上,早在 1952 年人们已经知道这种转化的存在。当时,食品药品监督管理局发现,雌鼠用浓度 30ppm 的七氯喂养仅两周,体内蓄积的毒性更强的环氧化物浓度就高达 165ppm。

直到 1959 年,食品药品监督管理局才采取措施,禁止食物中含有七氯或环氧化物残留,上述研究成果才告别冷僻的生物学文献而为世人所知。这一禁令至少让火蚁灭杀计划暂时降温。尽管农业部仍然继续在火蚁防治计划年度经费上施加压力,地方农业管理人员却越来越不愿意建议农民使用化学农药,因为使用这些农药可能造成农作物依法不得销售。

简言之,农业部启动灭虫计划之前,没有对所用化学农药的既有知识进行最基本的调查,即便做了调研,也完全忽视已有的事实。他们肯定没有开展基础研究,不了解实现灭虫目的所需的最低农药用量。连续三年大剂量喷洒农药后,1959 年七氯的施用量忽然从每英亩 2 磅减少为 1.25 磅;随后又减到每英亩 0.5 磅,这轮喷洒分两次进行,间隔三到六个月一次,每次 0.25 磅。农业部一位官员解释说,"一个激进的喷药方法改良项目"证明小剂量喷洒是有效的。如果在项目启动之前就掌握这份信息,可以避免大量损失,为纳税人节省一大笔钱。

1959 年,也许为了平息人们对防治项目日益高涨的不满,农业部提出免费给得克萨斯州农民供应农药,条件是这些农民要签字同意,免除联邦、州及地方政府赔偿损失的责任。同年,化学农药造成的损失令亚拉巴马州感到震惊和愤怒,拒绝对该项目继续拨款。该州一位官员如此概括整个项目:"准备不足、决策草率、计划混乱,是粗暴凌驾于其他公共或私人机构职责之上的突出例子。"即便没有州政府资金支持,联邦政府继续源源不断地给亚拉巴马州拨款,并于 1961 年,再次说服州立法部门同意拨出一小笔经费。与此同时,灭杀火蚁的化学农药导致甘蔗害虫大量繁殖,路易斯安那州农民也越来越不愿意参与此计划。这个计划显然未能取得任何成果。1962年春,路易斯安那州大学农业实验站昆虫研究主任L.D.纽塞姆教授对这个计划的惨淡结局给予了简短总结:"州政府和联邦政府部门联合实施的外来火蚁'根除'计划已告彻底失败。目前,路易斯安那州火蚁蔓延的范围比计划启动前更广泛。"

人们开始转向更理性、更保守的防治。佛罗里达州报告说:"火蚁现在的数量比喷药之前更多。"该州已宣布放弃任何大规模扑灭火蚁的想法,改为集中致力于局部控制。

低成本、有效的局部控制方法已经存在多年。火蚁具有巢丘的栖居特性,针对个体巢丘进行喷药处理是轻而易举的事,这种防治的成本大致为每英亩1美元。火蚁巢丘数量众多的地方,可以采用机械化处理,密西西比农业实验站研发的一种耕作机可以先推平巢丘,然后直接向巢丘施放农药。这种办法可以消灭90%—95%的火蚁,每英亩只花费0.23美元。形成鲜明对比的是,农业部的大规模灭杀计划每英亩花费3.5美元,是花费最高、危害最大、收效最低的方法。

第十一章　逾越波吉亚的梦想

　　人类世界的污染不只是大规模喷洒农药的问题。事实上,对多数人来说,成年累月的无数次小剂量接触才是更危险的。从出生到死亡,人与危险化学品的持续接触就像滴水可以穿石,最终会证明是灾难性的。这类反复接触,无论剂量多小,都会在人体内蓄积,最终引起累积性中毒。除非生活在你所能想象的最与世隔绝的环境,否则无人能够避免无所不在的化学污染扩散。在软销售和隐性营销的诱惑下,普通民众很少能意识到自己身陷致命毒物的包围。实际上,他可能根本没有意识到自己正在使用毒药。

　　毒药时代已经彻底到来。任何人随便走进一家商店,都能买到有致死效力的毒药,完全没人上来盘问;而在隔壁药店,购买毒性弱很多的医疗用药,反倒需要在"有毒药品登记册"上签名确认。在任何一家超市,只需略做几分钟调研,就是说,只要对货架上供选购的化学药品具备最基本的认识,便足以警告最胆大包天的顾客。

　　如果在杀虫剂销售区上方悬挂一个大骷髅头和交叉骨头形的剧毒标识,顾客进入该区至少会像对待致命物质一样谨慎。但现实正好相反,销售区布置得温馨愉快,过道对面是泡菜和橄榄,旁边货架上是香皂和肥皂,居中是一排排的杀虫剂,孩子一伸手就能轻易拿到玻璃瓶装的化学药品。如果被孩子或粗心的大人碰翻落地,周围每个人都会溅上这些令喷药人员中毒抽搐的化学药品。这类危险自然会被购买者带回家里。比如,含 DDD 的防蛀药罐上面会有小字印刷的警告,说明内含物是压缩的,暴露在高温或明火环境下容易引发爆炸。氯丹是厨房里广泛使用的一种常见家用杀虫剂,而食品药品监督管理局首席药理学家已经宣布,生活在喷过氯丹的房子里"极其"危险。其他家用杀虫剂甚至含有毒性更强的狄氏剂。

厨房杀虫剂外观好看,使用方便。白色或符合个人色彩喜好的橱柜垫纸,可能两面都浸透杀虫剂。生产商给人们提供灭虫自助手册,轻松按下按钮,人们可以将狄氏剂喷到最难碰到的橱柜角落和缝隙、护壁板以及墙角里。

如果我们对蚊子、恙螨或其他害虫不胜其烦,可以在衣物或皮肤上喷涂各式各样的乳液、乳霜或喷雾。虽然有警告说其中一些产品能溶解清漆、油漆和合成纤维织物,我们想当然地认为化学物质不能渗透人类皮肤。为了确保随时能够驱赶昆虫,纽约一家专卖店推出一款袖珍杀虫喷雾剂,适合放在钱包、沙滩包、高尔夫球包或渔具袋内。

我们用药蜡打理地板,以杀死所有经过地板的昆虫。我们会在壁橱和服装防尘罩里挂上浸有林丹的条式防蛀剂,或将防蛀剂放进衣柜抽屉里,这样半年都不用担心蛀虫破坏。广告没有提示林丹的危险性,电子林丹汽化设备的广告也没有提,他们只说林丹安全无味。而事实上,美国医学会认为林丹汽化器太过危险,在学报上发起了一场广泛抵制林丹汽化器的运动。

美国农业部在《家庭和园艺通讯》中建议人们使用 DDT、狄氏剂、氯丹或其他几种防蛀剂油溶液来喷洒衣物。农业部说,因过度喷洒留在织物上的白渍可以刷洗掉,却没有告诫人们谨慎选择刷洗的地点和方式。所有这些意味着,我们白天与杀虫剂相伴,晚上盖着浸满狄氏剂的防蛀毯子入睡。

现在,园艺和超级毒药紧密相关。每家五金店、园艺用品店、超市里,一排排地摆着满足各种园艺需求的杀虫剂。几乎每份报纸的园艺专栏和大多数园艺杂志都将使用杀虫剂看作理所当然,以致那些没有大量使用剧毒雾剂或粉剂的人显得没尽责。

甚至致人猝死的有机磷杀虫剂也被广泛施用于草坪和景观植物。为此,佛罗里达州卫生局在 1960 年出台禁令,凡是未获得许可的人,禁止在居民区内为商业目的施用杀虫剂。在禁令实施之前,该州已经发生过多起对硫磷导致的死亡事件。

不过,很少有人告诫家庭用户或园艺爱好者,他们施用的是高危药品。反倒是新型小巧的施药用具层出不穷,让草坪和花园喷药更为方便,也增加了园艺爱好者接触毒药的机率。比如,人们将罐型装置接到花园水管上,浇灌草坪的时候,可以同时喷洒氯丹或狄氏剂等极危险的化学药品。这种装置不仅给使用水管的人带来危害,也构成公共威胁。《纽约时报》在园艺专栏上对这种行为发出警示:除非安装专门的保护装置,否则毒药会在反虹吸作用下进入供水系统。对于这类小装置的大量使用,类似警示的内容却极为罕见,我们还用疑惑公共用水为何受到污染吗?

杀虫剂对园艺爱好者的危害,我们来看看一位内科医生的例子。这位医生是位园艺业余爱好者,每周定期给灌木和草坪喷药,起初用 DDT,后来改用马拉硫磷;有时使用手持喷雾剂,有时采用水管外接喷洒装置。操作时,他的皮肤和衣服常常被喷雾浸湿。这种情况持续了大概一年,他突然晕厥,被送进医院,脂肪切片活检显示,其体内 DDT 累积达到 23ppm。医生认为他的神经系统受到了大范围、永久性损伤。随着时间推移,他日渐消瘦,极度疲劳,还有特殊的肌无力症状,这些都是马拉硫磷中毒的典型症状。这些症状持续加重,以致这位医生无法再行医。

除了一向无害的喷水管,动力割草机也配备了杀虫剂喷洒装置,房主修剪草坪时,这些装置就在一边喷出药雾。因此,除了汽油尾气排放的潜在危害,空气中还混有郊区居民不加选择喷洒的杀虫剂细微颗粒,使他们自家土地上方空气污染程度远超很多城市。

然而,很少有人提及洒药打理花园或家庭使用杀虫剂这一热潮存在的危害。标签上的警告字体细小且不显眼,很少有人费神阅读或遵照执行。最近有一家公司调查**到底有多少人**阅读了使用说明,结果显示,仅有不到15%的杀虫气雾剂和喷雾剂使用者注意到包装上印有警告。

现在,郊区居民习惯认为必须不惜一切代价根除马唐草,一袋袋清除马唐草的化学药品几乎成了身份的象征。这些除草剂的品牌名称绝不会显示其成分和特性,要阅读包装上最不显眼部分的细小文字说明,才能知道其中含有氯丹或狄氏剂。任何一个五金店或园艺用品店的产品说明,都很少告知人们操作或使用药品可能造成的真正危险。相反,常见广告图片都是描绘一个幸福家庭场景,父亲和儿子面含微笑,准备给草坪喷药,幼童与狗狗在草地上翻滚。

食物里的农药残留是一个备受争议的问题。生产商对农药残留要么轻描淡写,要么断然否认。与此同时,坚持要求食物免受杀虫剂污染的人被贴上"狂热分子"或"邪教徒"的标签。在这些争议的阴云中,真相到底是什么呢?

医学已经证明(常识可推论),DDT时代来临之前(大约1942年)过世的人体组织中没有任何DDT或类似物质的痕迹。如第三章所述,1954年至1956年间,普通人群的体脂样本显示DDT平均浓度为 5.3—7.4ppm。有证据表明,此后这一平均值持续攀升到更高的数值,而那些因职业或其他特殊原因经常接触杀虫剂的个体体内的蓄积则更高。

可以假设,没有明确接触杀虫剂的普通人,其体内脂肪中蓄积的 DDT 主要通过食物摄入。为了验证这一假设,美国公共卫生署科研团队对餐馆和机构供餐进行了抽样调查。结果发现,**每一份餐食样本都含有 DDT**。调查人员因此有充足理由做出结论:"几乎没有完全不含 DDT 的食物。"

这些膳食中的 DDT 含量可能非常高。公共卫生署的另一项研究分析了监狱餐食,发现炖干果中的 DDT 含量为 69.6ppm,而面包中的 DDT 浓度高达 100.9ppm!

在普通家庭的饮食中,肉类和动物脂肪食品所含的氯化烃残留最高,因为这类化学物质是脂溶性的。水果和蔬菜中的残留量通常少些。但这类残留物基本无法用水冲洗干净,唯一的补救措施是剥除或扔掉生菜或卷心菜等蔬菜的外部叶子,水果得削皮,果皮或外壳必须扔掉。烹饪无法去除农药残留。

牛奶是食品药品监督管理局规制明确禁止含农药残留的少数食品之一。实际上,每次牛奶抽查都会检出农药残留,黄油和其他乳制品的农药残留最高。1960 年,对四百六十一份乳制品抽样检测发现,三分之一的受检样品含有农药残留,食品药品监督管理局总结说"极不乐观"。

要找到一份完全没有 DDT 和类似化学药品的食物,恐怕必须去一个遥远、原始、缺乏现代便利设施的地方。这种地方暂时还能在遥远的阿拉斯加北极海岸存在,即便在这里,污染的阴影也在逼近。科学家调查过当地爱斯基摩人的天然饮食,发现其中没有杀虫剂。鲜鱼和干鱼、海狸、白鲸、北美驯鹿、驼鹿、髯海豹、北极熊和海象的脂肪、油脂或肉,蔓越莓、美洲大树莓和野生大黄,这些还没有受到污染。唯一的例外是两只来自波因特霍普的白猫头鹰,体内携带少量DDT,或许是在迁徙过程中摄入的。

对爱斯基摩人的脂肪抽样分析时,发现了少量DDT残留(0—1.9ppm)。原因很清楚,取这些脂肪样本的爱斯基摩人曾离开过居住的村庄,到美国公共卫生署位于安克雷奇的医院接受过手术。那儿已经普及现代文明的生活方式,这家医院的餐食中所含的DDT浓度和人口密集的城市一样高。爱斯基摩人在文明社会略做停留,就已被毒药污染。

我们每顿餐食都含有氯化烃,这是农作物广施毒药的必然结果。如果农民严格遵守标签上的使用说明,农药残留就不会超过食品药品监督管理局允许的安全范围。姑且不考虑法规许可的农药残留是否像官方宣称的那样"安全",我们都知道农民经常过度使用农药,在临近收获时依然喷药,在一种杀虫剂可奏效时却使用数种杀虫剂,这些都从侧面显示一般人没有阅读小字体的使用说明。

即便是农药生产企业也意识到杀虫剂频繁滥用的乱象,需要对农民开展教育。最近,该行业一份重要的贸易杂志声称:"许多用户似乎没有明白,如果他们喷洒农药的剂量高于推荐值,会导致农药残留超出容许值。杀虫剂对农作物造成危害,大多是农民随意喷洒的后果。"

食品药品监督管理局的档案里,记载了大量令人担忧的滥用农药的违规行为。这里是一些无视使用说明的例子:一位种生菜的农民,临近采收时向生菜喷洒了八种不同的杀虫剂;一个货运商向芹菜上喷洒致命的对硫磷,用量是推荐剂量的五倍;种植者给生菜喷洒氯化烃中毒性最大的异狄氏剂,而这类农药残留是禁止的;采收前一周给菠菜喷洒DDT。

还有偶然或意外发生农药污染的情况。粗麻布袋包装的大宗绿色咖啡和杀虫剂同船运输,遭到污染。仓库里存放的包装食品被反复喷洒 DDT、林丹和其他杀虫剂,药剂可能渗透包装材料,导致食品被污染,检出农药残留。食品存放的时间越长,受污染的风险越大。

有人会问:"难道政府不保护我们免遭此类危害吗?"答案是:"政府保护非常有限。"在保护消费者免受杀虫剂危害方面,两个因素严重制约着食品药品监督管理局的监管行为:第一,管理局只对州际贸易中的食物拥有管辖权,州内种植和销售的食物无论如何违反规定,都不在其权限之内;第二,监管人员严重不足是非常关键的制约因素,整个管理局工作人员不足六百人。管理局一位官员说,现有设备只能对极少量的州际贸易农作物进行检测,抽查率远低于 1%,并不具备统计学意义。由于大多数州在该领域的法律极不健全,州内生产和销售的食物监管状况更糟糕。

食品药品监督管理局制定的最大污染允许限度(即"容许值")标准存在明显缺陷。在当前情况下,该标准不过是一纸空文,制造了一种安全标准已经确立并得以遵守的完全不符合事实的假象。至于食物上允许少量毒物残留的安全性(这里一点,那里一点),很多人基于极具说服力的理由予以反对,指出食物上存在任何毒物残留都不安全,也不可取。食品药品监督管理局在设定容许值水平时,依据实验室动物的毒性测试结果,选取了一个远远低于引发实验动物出现中毒症状所需的污染最大值,确定为容许值。这个意欲确保安全的标准忽略了许多重要事实。实验动物生活在可控、高度模拟的人工环境里,消耗给定数量的某一种杀虫剂,这与人类的情况完全不同。人类接触的杀虫剂种类繁多,大部分情况下不可知、无法测量、不可控。一个人的午餐沙拉中,即便生菜的 DDT 残留 7ppm 是"安全的",这顿饭还包括其他食物,每种食物带有的农药残留都在容许范围内。而我们知道,这些只是这个人接触的全部杀虫剂中的一部分,很可能是很小的一部分。这些不同来源的农药积累起来,其总摄入量无法测定。因此,讨论任何特定剂量的农药残留的"安全性"问题都毫无意义。

容许值标准的规定还存在其他缺陷。有些时候,规定妨碍食品药品监督管理局科学家做出更好的判断(如第十四章第 160 页引述的案例);有些时候,标准是在对有关化学药品认识不足的情况下制定的。掌握更多更好的信息之后,农药残留容许值会被降低或取消,但这通常发生在公众接触过量化学品数月或数年之后。管理局曾经确定过七氯的残留容许量,后来又撤销了。某些化学药品登记使用之前,由于没有可行的田野分析手段,检测人员很难检测到残留。这种困难极大地妨碍了"蔓越莓农药"氨基三唑的检测。对拌种常用的某些除菌剂也缺乏检测方法,播种季节结束后,剩下的种子很可能成为人类食物。

实际上,容许值标准的制定意味着允许公众食品供应中存在有毒化学品,这样农民和加工者可以享受低成本生产的利益,消费者却因此被罚缴纳税费,供养一个监管部门来确保自己不会摄入致命剂量的农药残留。但考虑到目前农业化学品的数量和毒性,做好监管工作需要大量资金,任何立法者都没有勇气划拨如此巨额的经费。最终,倒霉的消费者缴税给自己买来毒药。

如何解决呢?首要任务是取消氯化烃、有机磷类和其他剧毒化学药品的容许值标准。这会立刻遭到反对,认为会给农民带来难以承受的负担。但是,如果按目前设想的目标,能够将各种水果和蔬菜中的农药残留控制在容许值范围之内 (DDT 为 7ppm,对硫磷为 1ppm,狄氏剂为 0.1ppm),为什么不能再谨慎些、彻底杜绝残留物呢?事实上,按政府规定,禁止某些农作物存在七氯、异狄氏剂和狄氏剂残留。如果这些规定可以实现,为什么不能扩展到适用于所有农药和所有作物呢?

但这仍然不是一个最彻底、最终的解决方案，停留在纸上的零容忍意义不大。如我们目前所见，99％以上的跨州粮食运输都可以避开检测。另外，我们迫切需要食品药品监督管理局提高警觉、积极管理，并大幅度增加监管人员。

然而，这种故意允许食物含毒、再监管其后果的制度，非常像刘易斯·卡罗尔的白衣骑士，这位骑士想出"一个法子，将人的胡须染成绿色，再拿一把大扇子挡住，这样绿胡须不会被人看到"①。最终的解决方案是使用毒性较小的化学药品，即使出现滥用，公共危害也会大大降低。这类化学药品业已经存在，比如除虫菊酯、鱼藤酮、鱼尼丁和其他植物提取物。除虫菊酯的合成替代品最近研发成功，一些生产国已经准备按市场需要随时增加天然产品的产量。我们也迫切需要开展公众教育，让大家了解市面上出售的化学药品性质。眼花缭乱的各种杀虫剂、杀菌剂和除草剂让普通购买者无所适从，完全无法知道哪些具有致命毒性，哪些相对安全。

除了改用危险性较小的农药外，我们还需要努力探索非化学方法的可能性。加利福尼亚州正在尝试新方法，利用一种专门针对某类昆虫的细菌，令这些昆虫染上疾病，从而实现农业杀虫。这种方法的延伸测试也在进行中。还有很多其他既能有效防治昆虫、也不会造成残留的方法（参见第十七章）。根据任何常识标准，现在的状况都令人无法容忍。在大规模转向新方法之前，我们实在不能掉以轻心。我们目前的处境，比波吉亚家族的客人好不了多少。②

---

① 译注：这是《爱丽丝镜中奇遇记》里的情节。
② 译注：据传，16世纪至17世纪意大利波吉亚家族会邀请政敌赴宴，在食物或酒水中下毒，令对手防不胜防。

第十二章 人类的代价

工业时代带来的化学品浪潮吞噬着我们的环境,最严重的公共健康问题在性质上已经发生了巨变。昨天,人类还生活在肆虐全球的天花、霍乱和瘟疫带来的恐惧中。而今天,这些曾经无处不在的病菌不再是我们的主要关注点,卫生设施、更好的生活条件和新型药品让我们能够很好地控制传染病。我们现在担忧的是潜伏在环境中的另一种危害,随着现代生活方式的发展,我们自己将这种灾害引入了我们的世界。

新的环境健康问题形式多样,有各种辐射引起的,有不断翻新的化学药品(杀虫剂是其中一种)造成的。化学药品无所不在,通过单独或联合发挥作用,给人类带来直接或间接的危害。人类由此笼罩在凶险的阴影之下,这些危险无影无形,不易察觉;这些化学或物理物质从来不是人类生物学经验的一部分,因而无法预测人类终生接触的后果。

美国公共卫生署大卫·普莱斯博士说:"我们生活在挥之不去的恐惧中,担心有些物质可能毁灭环境,导致人类最终像恐龙一样被灭绝。更令人悲哀的是,我们知道,人类的命运在症状发展出来至少二十年之前就已经注定。"

杀虫剂在环境性疾病①中到底扮演什么角色？我们已经看到，它们污染土壤、水和食物，导致溪流无鱼、花园和林地无鸟，到处一片沉寂。无论人们多想否认，人类都是大自然的一部分，当今世界污染无处不在，人类何以幸免？

我们知道，即便是一次性接触这些化学药品，足够大的剂量也会导致急性中毒。但这不是主要问题。农民、喷药工、飞行员和其他接触过大量杀虫剂的人骤然暴病或死亡，都是不该发生的悲剧。对整个人类种群来说，杀虫剂对环境的污染难以察觉，必须更加关注吸收小剂量杀虫剂所引发的滞后性危害。

负责公共卫生的官员指出，化学药品的生物效果会长期累积，对个体的危害取决于其一生所接触的化学药品总量。正因如此，危险很容易被忽视。忽视不明晰的未来灾难是人的天性。勒内·杜博斯博士是一位睿智的医生，他说："人类天生更在意症状明显的疾病，而最可怕的敌人往往无声无息地袭来。"

如密歇根州的知更鸟或米拉米奇河的鲑鱼一样，我们每个生物都面临相互关联、相互依赖的生态学难题。我们毒死溪中的石蛾，洄游鲑鱼就逐渐减少、死亡。我们毒死湖中的蚋虫，毒素通过食物链传递，不久湖边的鸟类成为受害者。我们给榆树喷药，次年春天便听不到知更鸟歌唱。我们没有直接对知更鸟喷药，但毒药会顺着我们已知的"榆树叶—蚯蚓—知更鸟"链条一步步传递。这些事例有案可查、有迹可循，在我们周围清晰可见，反映出科学家所知的生态学意义上的生死之网。

人体内也有一个生态世界。在这个我们看不见的世界里，微小的起因会引发严重的后果；出现症状的身体部位与原发损伤的部位相距甚远，看似毫无因果关联。最近一份医学研究现状总结

---

① 译注：环境性疾病是因环境因素所导致的各种疾病。

报告说："某一部位的变化，甚至某个分子的变化，都可能对整个系统产生影响，在看似无关的器官和组织引发变化。"当人们关注神秘、奇妙的人体功能时，会发现因果之间很少是简单、易见的关系，它们可能在空间和时间上相距很远。要探明疾病和死亡的原由，需要耐心地将许多看似迥异、毫不相干的事实拼接起来，而这些事实是通过各种领域的大量研究发展积累的。

我们习惯于寻找直接、显而易见的后果，而忽视其余。除非后果即刻发生、出现形式无法忽视，否则我们就否认危险的存在。在损害的萌芽阶段，连研究人也受困于检测方法的不足。缺乏在症状显现之前进行精密检测的方法，是医学界尚未解决的重大难题。

有人会反驳说："我多次用狄氏剂喷洒草坪，从未像世界卫生组织喷药人员那样发生抽搐，所以农药对我无害。"事情没那么简单，尽管没有突发剧烈症状，经手这类农药的人员体内无疑会蓄积有毒物质。正如我们所知，氯化烃残留是从最小剂量开始，逐渐积累。有毒物质蓄积在人体所有脂肪组织里。一旦这些脂肪储备被燃烧，毒性就可能迅速发作。新西兰一份医学杂志最近提供了一个例子，一名正在治疗肥胖症的男子突然出现中毒症状。检查发现，他的脂肪中积存着狄氏剂，在减肥过程中发生了代谢转化。生病而体重减轻的人也可能发生同样的事情。

另一方面，毒物蓄积造成的后果可能极为隐蔽。几年前，《美国医学协会杂志》对脂肪组织中杀虫剂蓄积的危害发出强烈警告，明确指出，相比于那些不易蓄积的药品，我们要格外慎用能够在组织中蓄积的药物或农药。杂志还警告说，脂肪组织不仅是储存脂肪的部位（占体重的18%左右），还有许多重要的功能，而蓄积的毒物可能会干扰这些功能。此外，脂肪非常广泛地分布于整个人体的器官和组织中，甚至是细胞膜的组成成分。我们必须谨记，脂溶性杀虫剂蓄积于单个细胞，会干扰最重要的氧化功能和能量释放。下一章会讨论这个问题的重要性。

氯化烃类杀虫剂最重要的一个特质是会损伤肝脏。肝脏在所有身体器官中最为特别，功能复杂且无法取代，其他器官罕可媲美。它承担着许多重要机能，即使是最微小的伤害，也会带来严重后果。肝脏分泌消化脂肪的胆汁，由于它所处的位置和聚集在此的特殊循环管道，使得肝脏能直接从消化道接收血液，深度参与所有主要食物的代谢。肝脏以糖原的形式储存糖，按精确剂量将糖原以葡萄糖的形式释放出去，将血糖保持在正常水平。肝脏生产身体蛋白，包括血浆中与凝血有关的一些必需元素。肝脏将血浆中的胆固醇维持在适当水平，抑制雄性和雌性激素过高。肝脏内还存储许多维生素，其中一些维生素有益于维持肝脏自身的正常功能。

如果肝脏无法正常工作，人体就失去了防御能力，无法抵抗不断侵入的各种毒素。有些毒素是新陈代谢的正常副产物，肝脏通过去氮作用，迅速有效地将其转化为无害物质。有些毒素不是身体正常机能的产物，也可以通过肝脏解毒。所谓"无害"杀虫剂马拉硫磷和甲氧氯之所以比同类产品毒性小，是因为一种肝脏酶改变了它们的分子，从而降低了危害性。肝脏以类似的方式处理着我们所接触的大部分有毒物质。

如今，我们对抗体内毒素或外部入侵毒素的这道防线正在被削弱、瓦解。被杀虫剂损坏的肝脏，不仅无法保护我们免受毒药侵害，其自身的各种功能也已经受到干扰。这些后果不仅影响深远，而且因为症状多样、可能不会立即出现，很难查明真正原因。

由于广泛使用毒害肝脏的杀虫剂，自然可以看到 20 世纪 50 年代以来，肝炎病例急剧增多，并持续波动攀升，肝硬化据说也在增多。尽管在人类身上"证明"原因 A 导致后果 B 比在实验室动物身上"证明"更困难，但普通常识告诉人们，肝脏发病率的飙升与环境中伤肝毒药的泛滥成灾绝非巧合。不管农药是否是肝病主因，目前已证明氯化烃类农药会损害肝脏、降低肝脏抵抗疾病的能力，继续将我们自己暴露于这类农药之下显然是不明智的。

无数的动物实验和人体观察已经明确显示，尽管作用方式有所不同，氯化烃和有机磷化合物这两大类杀虫剂都会直接影响神经系统。最早广泛使用的新型有机杀虫剂 DDT 主要作用于人的中枢神经系统，受影响的主要区域是小脑和高级运动皮层。根据标准的毒理学教科书，接触大量 DDT 后会出现刺痛、灼热、发痒、颤抖，甚至痉挛的异常感觉。

几位英国研究者最早给我们提供了 DDT 急性中毒症状的知识。为了解中毒后果，他们设计亲身接触 DDT。英国皇家海军生理实验室的两位科学家直接接触涂刷过水溶性涂料（含 2% DDT，附在表层油膜下）的墙壁，通过皮肤吸收 DDT。他们对症状的细致描述显示 DDT 对神经系统的直接影响十分明显："非常真切地感觉到身体疲倦沉重、四肢异常酸痛，精神状态也极为痛苦……（感到）极度烦躁……厌恶任何工作……最简单的脑力劳动都觉得无能为力。有时出现非常剧烈的关节疼痛。"

另一位直接在自己皮肤上涂抹 DDT 丙酮溶液的英国实验者报告说，感到四肢沉重疼痛、肌肉无力，以及"极度神经痉挛"。他的病情在放假休息后有所好转，但重返工作岗位之后就恶化了。他随后卧床三星期，饱受四肢疼痛、失眠、神经紧张和极度焦虑的折磨。他有时全身颤抖，这跟熟悉的鸟类 DDT 中毒症状非常相像。这位实验人员在十个星期内无法工作。当年年底，英国一家医学杂志报道他的病例时，他还没有完全恢复。

（尽管有上述证据，几位美国研究人员在志愿受试者身上进行 DDT 实验时，仍然认定头痛和"每块骨头都疼显然是心理作用"。）

现在,很多病例记录显示的症状和整个病程都把病因指向杀虫剂。通常来看,受害者有明确的杀虫剂接触史,经过治疗(包括清除他生活环境中所有的杀虫剂),症状会缓解,但最重要的是,**再次接触致病农药,病情就会复发**。这类证据足以成为其他很多功能紊乱症的治疗依据,也足以警告我们,借助所谓的"风险测算"放任杀虫剂充斥我们的环境,是多么愚蠢!

为什么并非每一个处理或使用杀虫剂的人都出现同样的症状?这涉及个体敏感度问题。有证据表明,女性比男性更敏感,未成年人比成年人更易感,久居室内的人比室外工作或锻炼的人更易感,还存在其他一些不易察觉解释的差别。为什么有些人对粉尘或花粉过敏、对某种毒药敏感、更易感染某种传染病,而其他人却不会,是目前还无法解释的医学谜团。但过敏问题真实存在,影响着大量人口。有些医生估计,他们的患者中三分之一或以上都曾出现过某种过敏症状,这一数字还在增长。不幸的是,之前不过敏的人可能会突然变得过敏。事实上,一些医学工作者认为,间歇性接触化学药品可能会引发这样的突发过敏。如果判断属实,可以解释为什么研究没有发现有些因职业原因持续接触农药的人出现中毒迹象。持续接触化学药品使这些人保持脱敏状态,这跟医生给过敏症患者反复注射少量过敏原让患者脱敏,是一样的道理。

人类和严格控制条件下生存的实验室动物不同,从来不会只暴露在一种化学药品中,这让整个杀虫剂中毒问题变得极为复杂。在几类主要杀虫剂之间,在它们与其他化学物质之间,存在可能产生严重后果的相互作用。无论进入土壤、水、或人体血液中,这些原本互不相关的化学物质不会保持隔离存在,相互会发生看不见的神秘变化,彼此改变着对方的破坏力。

甚至功能完全不同的两类主要杀虫剂也可能发生相互作用。如果身体先接触损害肝脏的氯化烃,那么毒害胆碱酯酶(保护神经的酶）的有机磷化合物毒性可能会增强。因为肝功能受到干扰,胆碱酯酶水平会低于正常水平,原本被抑制的有机磷化合物作用会变强,足以引起急性中毒症状。我们知道,成对的有机磷化合物彼此可以相互作用,令毒性增强一百倍。有机磷化合物也可以与各种药物、各种合成材料、各种食品添加剂发生反应。这世界充满数不胜数的人造物质,谁知道还会发生什么别的反应?

本来无害的化学物质在另一种化学物质的作用下,性质可能会发生巨变,其中最好的例子是 DDT 的同源物甲氧氯。(事实上,甲氧氯可能不像通常所说的那样无害。最近的实验动物研究显示,甲氧氯能直接影响子宫,阻断一些重要的垂体激素。这再次提醒我们,这类化学药品具有巨大的生物危害性。另有研究表明,甲氧氯具有损害肾脏的潜力。)由于单独摄入甲氧氯不会在人体内大量蓄积,大家以为它是一种安全的化学药品。但这未必是事实。如果肝脏被另一种化学药品损坏,甲氧氯在体内蓄积的速度会是正常情况的**一百倍**,将像 DDT 一样对神经系统造成长久危害。而引发这一后果的肝脏损伤却可能非常细微,以致无法察觉。很多常见情况都可能带来这种损伤:使用另一种杀虫剂、使用含四氯化碳的清洁液或服用某种所谓的镇静药物,其中不少(并非全部)皆是氯化烃类物质,会损害肝脏。

对神经系统的损害不仅限于急性中毒,也可能包括滞后性危害。已有报道发现,甲氧氯和其他化学药品会对大脑或神经造成长期损害。狄氏剂除引发急性后果,还可能造成诸如"失忆、失眠、噩梦、狂躁"等长期后遗症。医学研究发现,林丹会在大脑和正常肝脏组织中大量蓄积,可能"对中枢神经系统产生长期严重的后果"。但这种形态的六氯化苯通常借助汽化器,雾化后用于喷洒家庭、办公室和餐馆。

我们通常认为有机磷化合物只会导致剧烈的急性中毒症状,

它其实也能对神经组织产生持久的物理性损伤。最近的研究发现它还会引发精神紊乱。很多人使用这类杀虫剂后，出现滞后性瘫痪。1930年前后，美国禁酒时期出现的一种怪病具有预言意义。这种怪病不是杀虫剂造成的，而是一种在化学结构上与有机磷化合物同源的物质。禁酒期间，为规避禁令，人们用某些药用物质替代酒，其中一种替代品是牙买加姜。然而，符合《美国药典》标准的牙买加姜产品价格昂贵，私酒酿造者于是想法制作牙买加姜的替代品。他们非常成功，假冒产品不仅通过了化学检测，还骗过了政府部门的化学家。为了给假牙买加姜制造必要的强烈气味，他们添加了一种名叫磷酸三邻甲苯酯的化学物质。这种化学物质像对硫磷和同类药品一样，会破坏保护神经的胆碱酯酶。结果，饮用伪劣产品导致约一万五千人出现永久性的腿部肌肉瘫痪，现在已命名为"姜中毒性瘫痪"。伴随这种麻痹症的是神经鞘破坏和脊髓前角细胞退化。

如我们所见，大约二十年后，各种有机磷化合物类杀虫剂投入使用。类似姜中毒性瘫痪的病例很快就出现了。德国一位温室工人使用对硫磷后，出现了若干次轻度中毒，几个月后发展为瘫痪。某化工厂三名工人接触另一种这类杀虫剂后，发生急性中毒。通过治疗，他们得以康复，但十天之后，其中两人出现腿部肌无力症状。其中一个病人的症状持续了十个月，另一位年轻女化学家的病情更为严重，双腿瘫痪，双手和双臂也受到不同程度的损伤。两年后，当一家医学杂志报道她的病例时，她仍然无法行走。

引发这些病例的杀虫剂已经退出市场，但现在使用的一些杀虫剂可能具有类似危害。园艺爱好者喜爱的马拉硫磷，在实验用鸡身上引发严重肌无力。跟姜中毒性瘫痪一样，此症状也伴随有坐骨神经鞘和脊髓神经鞘的损坏。

如果有机磷化合物中毒的病人有幸存活，所有这些后果可能只是厄运的前奏。这类杀虫剂严重损伤神经系统,病人最终不可避免地患上精神疾病。墨尔本大学和墨尔本亨利王子医院的研究人员最近报告的十六例精神疾病患者,证实两者存在关联。这些病人都存在有机磷杀虫剂长期接触史:三人是检测喷雾剂功效的科学家,八人在温室工作,五人是农场工人。他们的症状包括记忆力衰退、精神分裂症和抑郁反应。在使用化学药品并遭受其攻击之前,他们都有正常的健康记录。

如我们所知,这类中毒案例在医学文献中随处可见,有些与氯化烃类有关,有些与有机磷化合物类有关。神经紊乱、臆想症、失忆症、躁狂症,为了暂时消灭一些昆虫,我们付出了沉重的代价。如果我们执迷不悟,继续使用这些直接损害神经系统的化学药品,则将继续付出惨重的代价。

第十三章　透过狭窄小窗

生物学家乔治·沃尔德曾经把其专业度极高的视色素研究比作"一扇狭窄小窗,远观只见一丝光亮,走得越近视野越宽广,直到站在窗前,透过这一扇小窗得见整个宇宙"。

同理,只有我们首先聚焦于人体的单个细胞上,继而关注细胞内的精微结构,最后研究这些结构中分子间的最终反应,我们才能理解将外部化学物质引入人体内部所造成的最严重、最深远的后果。医学研究最近才开始关注单个细胞的产能作用,这是生命体获得能量必不可少的功能。人体卓越的能量生产机制不仅是健康的基础,也是生命的基石;其重要性甚至超越人体最重要的器官,如果没有平稳有效的释放能量的氧化功能,人体各项功能都无法执行。然而,防治昆虫、啮齿动物和杂草的许多化学药品,均能直接破坏这一能量生产系统,干扰精妙运行的机制。

我们目前对细胞氧化作用的认知水平,是生物学和生物化学研究领域最引人瞩目的一项成就,贡献者包括众多诺贝尔奖得主。这项研究建立在一些早期开展的基础工作上,已经循序渐进地持续推进了四分之一个世纪。即便如此,我们仍没有清楚所有细节。直到最近十年,各种零散研究汇聚一起,形成完整的体系,生物氧化作用才成为生物学家们的常识。更重要的事实是,1950年以前接受基础训练的医务人员,极少有机会认识氧化过程的重要性以及干扰此过程的重大危害。

能量最终不是在一个专门器官里产生,而是在人体每个细胞里完成的。一个活细胞宛如一团火焰,通过燃烧燃料,生产生命体必需的能量。这个比喻充满诗意,但不够准确,因为细胞完成"燃烧"所需的只是人体正常体温产生的中等热量。然而,正是这数十亿温和燃烧的小火焰点燃了生命的能量。化学家尤金·拉宾诺维奇说,如果小火焰停止燃烧,"心脏不能跳动,植物无法克服引力向上生长,变形虫无法游动,知觉不再通过神经传递,人类大脑会失去思想的火花"。

细胞里物质转化为能量是一个绵绵不绝的过程,是自然界一种更新循环,像一只旋转不停的轮子。一粒粒谷物转化成一个个分子,碳水化合物燃料以葡萄糖形式投入这只轮子中;在循环过程中,燃料分子经历分解和一系列微妙的化学变化。这些变化非常有序地逐步展开,每一步都由一种酶引导和掌控,每种酶都有特定功能,各司其职,不问其他。每一步会释放能量,排出废物(二氧化碳和水),转化后的燃料分子被传递到下一阶段。当转轮完成一个循环,燃料分子已经被分解成一种形式,随时可以和进入系统的新分子结合,开始新一轮循环。

细胞像化工厂一样生产能量,这一过程是生命世界的一大奇迹。事实上,更为神奇的是,所有发挥作用的部分都极其微小。除极个别例外,细胞本身尺寸很小,只有在显微镜下才可看见。而氧化作用的大部分工作在一个更小的空间进行,是细胞内被称为线粒体的微小颗粒。线粒体早在六十年前就已发现[1],但人们一直不了解其功能,可能也认为不重要,鲜少关注。直到 20 世纪 50

---

[1] 译注:即 20 世纪初。

代,线粒体研究才成为一个令人兴奋、富有成果的领域,一时之间备受关注,短短五年间就发表了一千篇相关论文。

科学家破解线粒体之谜所展现的非凡才智和耐力,再次令人叹服。线粒体是一个显微镜放大三百倍才能勉强可见的小颗粒;想象一下,将线粒体单独分离出来,分解和分析它的组成部分,确定它极其复杂的各种功能,所需技能多么高超!这一切都有赖于电子显微镜和生物化学家的高明技术,才得以实现。

我们现在已经知道,线粒体是一些小小的细胞器,包裹着氧化循环需要的若干种酶,他们精确有序地排列在内壁和室壁上。多数产生能量的反应都在这里发生,因而线粒体被看作是"能量工厂"。燃料分子首先在细胞质中完成初始氧化作用,然后进入线粒体,氧化作用在此完成,巨大能量也在此释放。

正是为了生产能量这一重要目的,线粒体内氧化作用的无休止循环变得意义非凡。氧化循环每个阶段产生的能量,以生物化学家熟知的ATP(三磷酸腺苷)形式存在,由三个磷酸根组成的分子。ATP之所以能提供能量,因为它可以把其中一个磷酸基团传递给其他物质,同时传递电子高速来回穿梭产生的键能。当末梢磷酸基团在肌肉细胞中被转移到收缩肌肉,便产生收缩能量。如此一来,一个新循环在原有循环中产生:一个ATP分子放弃一个磷酸基团,留下两个,变成二磷酸分子ADP。随着循环进一步转动,另一个磷酸基团加入,强大的ATP得以恢复。借用蓄电池作比,ATP代表着充满电的电池,ADP则是放电完毕的电池。

ATP是一切生物体(从微生物到人类)的能量来源,为肌肉细胞提供机械能,为神经细胞提供电能。无论是精子细胞,即将发生巨变成为青蛙、禽鸟或人类婴儿的受精卵,抑或是分泌激素的细胞,都由ATP提供能量。ATP释放的部分能量用于线粒体内,大多数被立即传输到细胞内,为其他活动供能。线粒体在某些细胞内的位置能确保能量精确传递到需要的地方,其位置代表着需要执行的功能。在肌肉细胞中,线粒体聚集在收缩性纤维周围;在神经细胞中,它们分布在和另一个细胞的连接处,为脉冲传递提供能量;精子细胞的尾部犹如推进器,它们则集中在精子的头尾连接处。

在氧化作用中,ADP 和一个自由磷酸基团结合重新生成 ATP 的能量恢复过程,相当于给蓄电池充电,是已知的偶联磷酸化作用。如果这个组合没有形成偶联,就不能提供可用能量。呼吸作用仍在继续,但没有能量产生,细胞因此变成一台空转的发动机,只产生热量而不释放能量。这样,肌肉无法收缩,脉冲不能沿着神经系通路传导。精子无法移动到目的地,受精卵不能完成复杂的分裂和分化过程。因此,解偶联会给任何生物体(从胚胎到成年)带来灾难性的后果,最终导致组织甚至生物体死亡。

解偶联是如何造成的呢? 辐射能导致解偶联,有人认为接触过辐射的细胞之死就是解偶联造成的。不幸的是,许多化学药品也具有将氧化作用与能量生产分开的能力,杀虫剂和除草剂就是其中的典型代表。我们知道,酚类药品对新陈代谢有很强的影响,可能导致致命的体温上升,这是解偶联的"空转发动机"效应造成的。广泛用作除草剂的二硝基苯酚和五氯苯酚就是酚类药品。另一种具有解偶联作用的除草剂是 2,4-D。氯化烃类药品中,DDT 是业已证实的解偶联剂,随着研究的进一步深入,可能会证实其他氯化烃类药品也有同样功效。

然而,解偶联不是扑灭人体数十亿细胞小火苗的唯一方法。氧化作用的每个步骤都由一种特定的酶引导和加速。当其中任何一种酶(即便仅一种)被破坏或削弱时,细胞内的氧化循环即告停止。不管哪一种酶受到影响,结果皆如此。氧化作用像旋转的轮子一样循环往复,如果在车轮辐条之间插入一根撬棍,无论插到哪个位置,车轮都会停止转动。同样的,无论破坏哪个环节起作用的酶,氧化作用都会停止,也不会再有能量产生,这与解偶联的最终结果极其相似。

众多常用杀虫剂都能够成为破坏氧化之轮的撬棍。已经发现DDT、甲氧氯、马拉硫磷、硫二苯胺和各种二硝基化合物都能抑制氧化循环中的一种或多种酶。这些杀虫剂很可能会阻断能量产生的整个过程,剥夺细胞需要的氧气,这种伤害会造成许多灾难性后果,这里仅提及其中几个。

下一章我们将会谈到,只需系统地抑制氧气供应,实验人员就能将正常细胞变成癌细胞。细胞缺氧造成的其他严重后果,在动物胚胎发育的实验中也有体现。由于氧气不足,组织生长与器官发育的有序过程遭到破坏,造成畸形和其他异常情况。可以推测,人类胚胎缺氧也可能发展为先天性畸形。

有迹象表明,人们已经注意到这类灾难日益增多,尽管很少有人深入探究个中缘由。在令人沮丧的这个时代,1961 年人口统计局发起了一项全国畸形新生儿的调查,报告中统计结果为先天性畸形的发生以及发生环境提供了事实依据。这些研究无疑将主要针对辐射影响的评估,但不应忽视很多化学药品造成的后果,丝毫不逊于辐射危害。人口统计局悲观地预测,未来部分儿童体内出现的缺陷和畸形,几乎可以肯定是渗透我们外部和人体内部环境的化学药品所致。

也有些研究发现,生殖力的下降,很可能与干扰生物氧化作用、从而耗尽重要的 ATP 蓄电池有关。即使在受精前,卵子就需要大量 ATP 供给,为下一阶段的巨大努力做准备;一旦精子进入,卵子将需要大量能量来完成受精。精子细胞能否抵达并穿透卵子,取决于其自身的 ATP 供应,这些 ATP 产生于精子细胞颈部高度密集的线粒体。一旦完成受精,细胞开始分裂,胚胎是否会完整发育很大程度上由 ATP 的能量供应来决定。青蛙卵和海胆卵是容易获得的研究对象，胚胎学家对其进行研究后发现，如果 ATP 含量低于某个关键临界水平，受精卵会直接停止分裂，然后迅速死亡。

胚胎学实验与苹果树上的知更鸟可能相关。知更鸟巢里托着几枚完好、冰凉的蓝绿色鸟蛋，生命火焰扑闪了几天就完全熄灭。高大的佛罗里达松树顶部有一个由大量树枝、木棍搭成的井然有序的鸟窝，里面托着三枚白色大鸟蛋，凉凉的，毫无生命迹象。为什么小知更鸟和雏雕没有被孵化？这些鸟蛋是否也像实验室青蛙卵一样，因为缺乏足够的"能量通货"ATP 分子才停止发育？是否成鸟体内和鸟蛋中都蓄积了足量的杀虫剂，阻止了能量供应的氧化循环之轮，从而导致 ATP 缺乏？

没有必要猜测鸟蛋中的杀虫剂残留，它们显然比哺乳动物的卵细胞更容易观察得知。无论是实验还是野外观察，只要鸟蛋接触过 DDT 和其他碳氢化合物，都会发现大量残留，而且浓度相当高。加州实验检测的雉鸡蛋 DDT 浓度高达349ppm。在密歇根州，来自 DDT 中毒死亡的知更鸟输卵管的卵子，其农药残留浓度高达200ppm。因成鸟中毒而废置的鸟巢中获取的鸟蛋，也含有 DDT。邻近农场因艾氏剂中毒的鸡，已将化学残留传到鸡蛋里；喂食 DDT 的实验母鸡，所产鸡蛋中化学残留浓度为65ppm。

既然已经知道 DDT 和其他（或许全部）氯化烃类能通过抑制一种特定酶或解偶能量产生机制，实现对能量生产循环的阻断，那么若含有大量农药残留的受精卵仍能完成复杂的发育过程将很难理解。受精卵经过无数次细胞分裂、逐步完善组织和器官、合成重要物质，最终形成生命体。所有这些过程需要大量能量，这些能量完全由代谢循环之轮产生的 ATP 小囊提供。

我们没有理由认为这些灾难性事件仅限于鸟类。ATP 是普遍的能量来源,鸟类、细菌、人类和小鼠的代谢循环都以生产 ATP 为共同目的。我们应该对任何物种生殖细胞中杀虫剂的蓄积事实感到不安,这意味着这种蓄积也会对人类产生相似的影响。

有迹象表明,生殖细胞内和产生生殖细胞的组织中都有这些化学药品残留。各种鸟类和哺乳动物的性器官中发现了杀虫剂残留,这些包括人为控制条件下的雉鸡、老鼠和豚鼠,榆树喷药地区的知更鸟,西部森林云杉卷叶蛾防控区的鹿。其中一只知更鸟睾丸中 DDT 浓度高于体内其他部位。雉鸡睾丸中也积累大量 DDT,浓度高达 1500ppm。

或许是因为性器官中化学药品的积累,实验哺乳动物已出现睾丸萎缩现象。接触过甲氧氯的幼鼠,睾丸非常小。年幼公鸡喂食 DDT 后,睾丸仅为正常大小的 18% ,而依赖睾丸激素发育的鸡冠和垂肉,其大小仅为正常的三分之一。

精子自身极有可能受 ATP 损失的影响。实验表明,二硝基苯酚会干扰能量偶联机制,造成无法避免的能量损失,降低公牛精子的活动能力。如果研究其他化学品,可能会发现相同的危害。有迹象显示,人类也可能受到危害。医学报告发现,喷洒 DDT 的空中作业人员会出现少精症或精子数量减少。

就整个人类而言,我们的遗传基因是永远比个体生命更珍贵的财富,连接着过去和未来。经过漫长的演化,遗传基因不仅塑造了今天的人类,也掌控着人类吉凶未卜的未来。然而,人造产品造成的基因衰退是我们这个时代的危机,是"人类文明最终也是最大的危险"。

我们再次发现,化学品和辐射的相似性确切存在、无法否认。

遭受辐射侵害的活细胞可能会出现各种各样的损伤:正常分裂能力被摧毁,染色体结构出现变化,或携带遗传物质的基因发生突变,导致后代身上出现新的特征。如果细胞特别敏感,可能会被即刻杀死,或在多年之后,最终变成恶性细胞。

辐射造成的所有这些后果,都已在实验研究里通过大量类放射或拟辐射化合物得以重现。许多杀虫剂和除草剂都属于这类化合物,能破坏染色体、干扰正常细胞分裂或引起突变。遗传物质遭受这些损伤,会导致接触农药的个体生病,或对其后代产生危害。

仅在几十年前,无人知晓辐射或化学品具有这些危害。那时原子还没有被分裂,复制辐射后果的化学药品还没有被化学家从试管中孕育出来。直到 1927 年,得克萨斯大学的动物学教授 H. J. 穆勒博士才发现,将生物暴露于 X 射线能够导致后代产生基因突变。穆勒的发现为科学和医学界开辟了一个广阔的新领域。穆勒后来因此荣获诺贝尔医学奖。不幸的是,世界很快知悉了灰色的辐射雨。今天,辐射的潜在危害已人尽皆知。

鲜少有人注意到,爱丁堡大学的夏洛特·奥尔巴赫和威廉·罗布森在 20 世纪 40 年代初就已经开展过类似研究。他们发现,芥子气这种化学物质会产生的永久性染色体变异与辐射引发的一样,无法区分。果蝇测试显示芥子气引起了基因突变,穆勒最初也是用果蝇开展 X 射线实验。至此,第一种化学诱变剂被发现。

现在,除芥子气之外,已经发现许多其他化学品能够改变动植物遗传物质。要了解化学物质如何改变遗传过程,我们必须首先了解活细胞的基本生命活动。

身体要生长,生命的长河要代代流淌,需要构成组织和器官的细胞具有数量增长的能力。细胞增殖是通过有丝分裂或核分裂过程实现的。即将分裂的细胞,最重要的变化首先从细胞核内开始,最后扩散到整个细胞。在细胞核内,染色体发生神秘的移动和分裂,依照亘古未变的模式排列,将遗传的决定性因素(基因)传递给子细胞。首先,染色体呈现为细长的线状,基因如同一串串珠子排列在线上。然后,每条染色体纵向分裂(基因也随之分裂)。当细胞一分为二时,各有一半染色体分别进入子细胞。通过这种方式,每个新细胞将含有一整套染色体,承载编码的所有遗传信息。通过这种方式,种族和物种的完整性得以保留、延续,龙生龙,凤生凤。

生殖细胞在形成中,会发生一种特殊的细胞分裂。由于每一种物种的染色体数量是恒定的,卵子和精子结合形成新个体时,各自必须且只能携带一半数量的染色体。要精确达成这一目标,染色体的行为要有所改变,这发生在形成生殖细胞的一次细胞分裂中。这个时候,染色体并不分裂,而是从每对染色体中分出一条完整的染色体,进入每一个子细胞。

所有生命在这个基本生命过程中都一样。所有地球生命都要进行细胞分裂。不管是人还是变形虫,巨型红杉还是简单的酵母细胞,没有细胞分裂都不能长久存在。因此,对有丝分裂的任何扰乱,都是对该生物自身及其子孙后代的严重威胁。

乔治·盖洛德·辛普森和同事皮特迪里、蒂凡尼合著的《生命》内容广博,书中说:"细胞组织的主要特性,诸如有丝分裂,存在时间远远超过五亿年,非常接近于十亿年。从这个意义上讲,生命尽管脆弱、复杂,却穿越时间具有不可思议的韧性,比山峦更坚不可摧。这种韧性完全依赖遗传信息难以置信的精确性代代相传。"

然而,在三位作者设想的十亿年中,这种"难以置信的精确"从未遭受过 20 世纪中期这样直接、强烈的破坏,这些破坏来自人造辐射和人造并广泛传播的化学药品。澳大利亚著名医生、诺贝尔奖获得者麦克法兰·伯内特爵士认为,我们这个时代"最重要的一个医学特点是,随着医疗手段越来越强大,生物经验之外的化学药品生产越来越多,带来的副产品是对天然屏障的频繁破坏,而这些屏障本是保护内脏器官免受诱变因素侵害"。

人类染色体的研究尚处于起步阶段,研究环境因素对其产生的影响最近才成为可能。直到 1956 年,新技术才能够准确测定人体细胞中的染色体数量(四十六条),能够仔细观测到整条染色体的存在或缺失,甚至部分碎片。某些环境物质能造成遗传损害,这也是个相对较新的概念,除了遗传学家之外鲜为人知,而遗传学家的建议少有人听取。现在,人们对各种辐射危害已经有相当好的认识,尽管仍有出人意料的否认。穆勒博士时常谴责说:"太多人拒绝接受遗传学原理,其中不仅包括政府任命的决策人员,甚至包括相当多的医学界人士。"事实上,大众很少知晓化学药品可能造成与辐射类似的后果,连大多数医学或科学工作者都不清楚。正因为如此,还没有人评估化学药品在日常应用中(而不是实验室功能)的作用。而完成这项工作极为重要。

麦克法兰爵士并不是唯一如此评价化学物质潜在危险的人。英国著名专家彼得·亚历山大博士曾表示,类放射化合物的危险可能远远超过辐射。基于数十年成果卓越的遗传学研究获得的认知,穆勒博士警告说,各种化学药品(包括以杀虫剂为代表的农药)"能够像辐射一样提高基因突变的频率……在频繁接触不寻常化学物质的现代社会里,我们对基因受突变影响的程度,所知甚少"。

对化学诱变剂问题的普遍漠视,或许是因为早期发现来自科学研究的兴趣。毕竟,氮芥没有从空中洒向所有人,主要是实验室的生物学家或治疗癌症的医生使用(最近有一则病例报道,患者接受氮芥治疗后出现染色体损伤)。而使用过杀虫剂和除草剂的人却与广大公众密切接触。

尽管人们很少关注这个问题,仍然可以收集到一些杀虫剂的具体信息。这些信息显示它们破坏了细胞的重要进程,从染色体轻微损坏、基因突变,最终酿成恶性肿瘤的灾难性后果。

蚊子连续几代接触 DDT 后,会变为雌雄同体的怪异生物,同时具有雄性和雌性特征。

植物接受不同酚类药品喷洒后,会出现染色体严重损坏、基因改变、数量惊人的基因突变和"不可逆的遗传变化"。遗传学实验的经典研究对象果蝇,在接触苯酚后发生了突变;果蝇产生的这些突变极具破坏性,一旦接触普通除草剂或尿烷就会毙命。尿烷属于氨基甲酸酯类化合物,衍生出越来越多的杀虫剂和其他农药。事实上,有两种氨基甲酸酯类化合物具备有效阻止细胞分裂的特性,正好用来防止土豆在贮藏过程中发芽。另一种抗发芽药剂叫马来酰肼,已经认定是强效诱变剂。

经六氯化苯(BHC)或林丹处理过的植物会严重畸变,根部长出肿瘤一样的凸起。细胞会增大肿胀,染色体数量翻倍。染色体倍增会持续下去,直到细胞无法分裂。

经受过除草剂 2,4-D 处理的植物也会长出肿瘤状凸起。植物染色体会变短、变厚、聚集在一起,严重阻碍细胞分裂。据说总体后果和 X 射线造成的危害非常相似。

以上只是几个例子,还有很多例证可以引用。目前还没有专门测定杀虫剂诱变效果的全面研究,上面引用的事实都是细胞生理学或遗传学研究的附带成果。现在迫切需要的是对此问题进行直接研究。

一些科学家虽承认环境辐射对人体有严重危害,却质疑化学诱变物实际上是否会造成同样的影响。他们指出辐射具有强大穿透力,却怀疑化学物质是否能到达生殖细胞。由于缺乏针对人类的直接研究,我们的证明再次受阻。然而,鸟类和哺乳动物的性腺和生殖细胞中发现的大量 DDT 残留物是强有力的证据,至少证明氯化烃不仅广泛散布在体内,而且直接接触遗传物质。宾夕法尼亚州立大学戴维·E.戴维斯教授最近发现,一种能够阻止细胞分裂、癌症治疗中有限使用的强效化学药品,也能造成鸟类不育。低于致死剂量的药物就能阻止性腺里的细胞分裂。戴维斯教授的数次野外试验已经取得成功。显然,我们没有理由期望或者相信生物性腺能够避免环境中化学药品的危害。

最近关于染色体异常的医学研究发现具有极为重要的意义,广受关注。1959年,英国和法国几个研究团队的独立研究都指向一个共同结论:扰乱正常染色体数目能导致人类某些疾病。在这些团队研究的某些疾病和异常中,染色体数量与正常值不同。举例来说,众所周知,典型先天愚型患者都有一条多余的染色体。多出的这一染色体偶尔会附着在另一条上,染色体数目保持正常的四十六条;然而,多出的染色体通常单独存在,染色体总数因此变成四十七条。这类患者的缺陷源头必定在上一代体内。

在很多英美两国慢性白血病的患者身上,显现出另一种机制。患者的某些血细胞中发现都有共同的染色体异常,包括部分染色体缺失。但他们皮肤细胞中染色体完整正常,这表明染色体缺陷并未发生在生成个体的生殖细胞里,而是发生在个体成长阶段的某些特定细胞(案例中是前体血细胞)。部分染色体缺失可能导致这些细胞不能发出正常的行为"指令"。

自从开辟这一领域以来,人们以惊人的速度发现了很多染色体紊乱引起的生理缺陷,目前已经超出医学研究的范围。比如,已知的克莱恩费尔特氏综合征就与一条性染色体的复制有关。患者是男性,携带两条 X 染色体(正常男性染色体为 XY,而患者为 XXY),导致染色体异常。这种疾病不仅导致不育,还有身高过高、精神缺陷等症状。与此相反,只继承一条性染色体(表现为 XO,而非 XX 或 XY)的患者,虽然实质上是女性,但缺乏许多第二性征,也伴随着多种生理(有时是精神上的)缺陷,这是因为 X 染色体携带各种特征的基因。这种疾病被称为特纳氏综合征。早在弄清病因之前，医学文献已有这两种病症的记载。

许多国家已经针对染色体异常开展了大量研究。威斯康星大学克劳斯·帕图博士领导的团队，一直专注于各种先天畸形研究，这类畸形通常伴有心智发育迟缓，似乎是由于某条染色体局部复制造成的，可能在某个生殖细胞的形成过程中，染色体发生破裂，生成的碎片未能恰当重组。这类异常很可能干扰胚胎的正常发育。

根据目前所知，多出一条完整染色体通常是致命的，会遏制胚胎成活。这种情况下，只有三类情形可以成活，其中之一是先天愚型。从另一角度来说，染色体上额外附着的片段虽然会导致严重危害，却不一定致命。威斯康星大学研究人员认为，这种情况可以充分解释大部分迄今原因不明的儿童先天多发性畸形，这些通常伴有智力障碍。

这是一个全新的研究领域，科学家更为关注的仍是识别染色体异常与疾病和发育缺陷之间的关联，尚未探究染色体异常的原因。认为某个单一物质破坏了染色体或造成细胞分裂的异常行为，这是荒谬的。但是，我们向环境中投放了大量能够直接破坏染色体、导致上述症状的化学物质，我们能承受忽略这一事实的后果吗？为了防止土豆发芽或确保庭院无蚊子，人类付出的代价是不是太高？

只要我们愿意，我们能够减少对人类遗传基因的威胁。人类遗传基因历经二十亿年原生质的演化和选择才传承到我们这代，这笔遗产目前属于我们，终将传于我们的子孙后代。我们很少为保持基因完整性付出努力。法律虽然要求化学品制造商检测产品毒性，却没有要求他们检测产品对基因造成的确切影响，他们也没做。

第十四章　四分之一的概率

　　生物抵抗癌症的历史非常悠久,起源已经湮灭在时间长河里。但最初肯定始于天然的环境。无论利弊,地球上的生物都会受到太阳、风暴和古老地球的影响。某些环境因素造成了灾难,生命要么适应,要么消亡。阳光里的紫外线辐射能导致恶性病变。来自某些岩石的辐射,或是土壤或岩石冲刷出来的砷污染食物或水源,同样都会引发病变。

　　早在生命出现之前,自然环境中就存在这些有害因素。但生命还是诞生了,经过数百万年的演化,变得数量无穷、种类无限。在自然界亿万年漫长的进程中,自然选择淘汰弱者,最强者生存,生物调节适应了各种破坏性力量。自然致癌物质现在仍然会导致恶性病变,但这些物质很少,是生命从诞生起就已适应的远古力量。

　　随着人类出现,情况为之改变。在所有生物形式中,只有人类**能够创造**出致癌物质,医学术语称作"致癌物"。数百年来,几种人造致癌物已经成为环境的一部分,含有芳香烃的烟尘便是一例。随着工业时代破晓而来,整个世界一直经历着持续、加速的变化。由各种新的化学和物理材料组成的人工环境,正迅速取代自然环境,其中很多具有诱发生物学改变的强大能力。对于自己一手打造的这些致癌物,人类却毫无抵抗能力,因为人类生物机能的演变非常缓慢,只能缓慢适应这种新环境。结果,这些强大的物质能够轻而易举地突破人体薄弱的防御系统。

癌症的历史久远,而人类对致癌物质的认识却起步很晚。大约两百年前,一位伦敦医生第一次意识到外部或环境因素可能导致恶性病变。1775年,珀西瓦尔·波特爵士宣称,烟囱清洁工群体中很常见的阴囊癌肯定是由他们体内积累的烟尘所致。他当时无法提供我们今天所需的"证据",但现代研究方法已经从烟尘中分离出致命的化学物质,证明他的观点是正确的。

距离波特爵士的发现一个多世纪之后,人们仍然没有进一步认识到,通过反复的皮肤接触、吸入或吞食,人类环境中的某些化学物质能够致癌。诚然,已经有人注意到康沃尔和威尔士的铜冶炼厂、锡铸造厂里接触砷烟的工人普遍患有皮肤癌。也有人意识到,萨克森的钴矿工人和波希米亚约阿希姆斯塔尔铀矿的工人会染上一种肺病,后来被确诊为癌症。但这些都是发生在前工业时代的现象。如今,工厂遍地开花,工业产品入侵了几乎所有生物的生存环境。

直到19世纪的最后二十五年,人们才第一次认识到恶性病变可追溯到工业时代。那时候,巴斯德正在证明微生物是许多传染病的起源,另一些科学家正在揭示癌症的化学起源——萨克森新兴的褐煤业和苏格兰页岩行业中工人们所患的皮肤癌,因职业缘故接触焦油和沥青而导致的其他癌症。到19世纪末,已知六种工业致癌物;20世纪已经和正在创造的无数新致癌化学物质,也都与普罗大众密切相关。自波特的研究发现至今,环境状况在两百年里发生了巨大的变化。不单是某种职业人群会接触危险化学物质,化学物质已经侵入了每个人的生活,甚至包括尚未出生的婴儿。如今我们都意识到恶性疾病增速惊人,也就不足为奇了。

这一增长并非主观感觉。人口统计局 1959 年 7 月的月度报告称,包括淋巴和造血组织在内的各种恶性病变,其造成的死亡人数占 1958 年死亡总人数的 15%,而 1900 年才占 4%。美国癌症协会按照目前的癌症发病率估算,现有美国人口中,最终将有 4500 万人会罹患癌症。这意味着三分之二的美国家庭将会遭到恶性疾病的打击。

儿童的情况更令人不安。二十五年前,儿童患癌在医学上非常罕见。**如今,美国学龄儿童死于癌症的数目超过其他任何疾病。**形势极其严峻,波士顿率先建立了美国第一家专门收治儿童癌症患者的医院。一至十四岁儿童中,12% 的死亡由癌症所致。临床诊断发现大量未满五岁的儿童患上恶性肿瘤,更为严峻的是,其中大量病例来自新生或未出生的婴儿。环境致癌研究领域的顶尖专家、美国国家癌症研究所 W. C. 休珀博士指出,先天性癌症和婴儿期癌症可能与母亲在怀孕期间接触过致癌物质有关,这些致癌物侵入胎盘后,影响快速发育的胚胎组织。实验显示,接触致癌物的动物年龄越小,癌症发病的可能性越大。佛罗里达大学弗朗西斯·雷博士警告说:"(食品中)添加化学物可能会引发儿童癌症……我们在一两代人的时间跨度里都无法知道后果会是什么。"

我们目前担心的问题是,人类用来控制自然的化学物质是否直接或间接地导致了癌症。动物实验证据显示,五六种杀虫剂可以明确定性为致癌物。如果加上部分医生认为会引发人类白血病的物质,这份致癌物名单会大大加长。因为没用人体做实验,这些证据算是间接证据,但已经令人触目惊心。如果算上那些作用于生物组织或细胞的可能间接致癌的物质,其他杀虫剂也会被列入这一名单中。

最早期使用的一种与癌症相关的农药是含砷物质，除草剂中以亚砷酸钠的形式存在，杀虫剂中以砷酸钙的形式存在，还存在于其他多种化合物中。砷与人类癌症、动物癌症之间的关联由来已久。关于接触砷的后果，休珀博士的经典专著《职业性肿瘤》介绍了一个典型案例。西里西亚赖兴斯坦城开采金银矿石已有近千年的历史，开采砷矿石也有数百年。几百年来，砷废料堆积在矿井附近，被溪水裹挟流到山下，地下水遭到污染，砷由此进入饮用水。数百年来，当地许多居民深受"赖兴斯坦病"的折磨，此病系慢性砷中毒所致，伴随着肝脏、皮肤、胃肠和神经系统功能紊乱，恶性肿瘤是常见的并发症。二十五年前，新水源的启用很大程度上清除了大量的砷，"赖兴斯坦病"已基本成为历史。然而，在阿根廷科尔多瓦省，由于来自含砷岩层的饮用水被污染，慢性砷中毒以及并发的皮肤癌在当地非常普遍。

长期持续使用含砷杀虫剂，很容易发生类似赖兴斯坦和科尔多瓦的情形。美国烟草种植园、西北部果园和东部蓝莓田等地方的土壤里含砷量大，很容易导致水源污染。

一个砷污染的环境，不仅危害人类，也侵害动物。1936年，德国发布的一份报告引起了极大关注。在萨克森弗赖贝格附近，银铅冶炼厂向空气中排放了大量含砷烟气，飘过周围山庄，落在植被上。据休珀博士说，以这些植被为食的马、牛、羊、猪都出现了毛发脱落、皮肤增厚的症状。附近森林里的鹿群不时出现异常色斑和癌前疣肿，其中一只已有明显癌变。家养和野生动物都因此出现了"砷肠炎、胃溃疡和肝硬化"。冶炼厂附近放养的羊群患上了鼻窦癌，死羊的大脑、肝脏和肿瘤中都发现了砷。该地区，"大量昆虫死亡，尤其是蜜蜂。雨水洗刷树叶上的砷粉尘，带入小溪和池塘，导致大量鱼类死亡"。

有一种致癌物是属于新型有机杀虫剂,广泛用于防治螨虫和蜱虫。它的使用历史充分证明,尽管立法提供了所谓的安全保障,但立法程序推进缓慢、迟迟未能控制住局势,公众接触已知致癌物的时间可能长达数年。换个角度看这个故事也颇有意味,它证明了公众今天被告知"安全"的东西,明天可能就变得极为有害。

1955 年,当这种杀虫剂投入市场时,生产商申请了容许限值,允许被喷药的农作物存在微量残留。生产商按法律要求,在实验动物身上进行了测试,并将实验结果和申请一并提交。然而,食品药品监督管理局的科学家们认为,实验结果说明该杀虫剂有致癌趋势,管理局局长因此建议对该杀虫剂实施"零容忍",也就是说,跨州贸易食品出现任何残留都是不合法的。但生产商有权申诉,一个委员会复核了这个案子,给出一个妥协方案:设定 1ppm 的残留容许值,暂定两年的销售期;两年间,同时继续开展实验测试,以确定是否真是致癌物。

尽管委员会没有明说,这一决议意味着将公众当作豚鼠,和实验动物用的狗和老鼠一起测试可疑致癌物。实验动物比人类更快给出了结果,两年后就证明了这种螨虫灭杀剂确实是致癌物。然而当时(1957 年),食品药品监督管理局也未能立即废除残留容许值,已知致癌物残留仍继续污染公众食品。各种法律程序耗费了整整一年,直到 1958 年 12 月,食品药品监督管理局局长于 1955年提出的零容忍才最终得以生效。

这些绝不是杀虫剂中所有的已知致癌物。动物实验显示,DDT 可能引发肝部肿瘤。食品药品监督管理局的科学家报告了这一发现,虽然不确定如何给这些肿瘤归类,但感觉"有理由将它们定为低级别肝细胞瘤"。目前,休珀博士已明确将 DDT 纳入"化学致癌物"。

IPC 和 CIPC 是两种氨基甲酸酯类除草剂,已经发现能在老鼠身上引发皮肤肿瘤，其中有些是恶性的。看来这些除草剂首先引发恶性病变，再由环境中充斥的其他化合物完成病变过程。

除草剂氨基三唑在实验动物身上会造成甲状腺癌。1959 年，许多蔓越莓种植者误用这种除草剂，造成市面上蔓越莓存在农药残留。食品药品监督管理局没收了受污染的蔓越莓，引发广泛争议，很多人质疑该除草剂是否致癌，其中甚至包括医务人员。食品药品监督管理局公布的科学数据清楚表明，氨基三唑对实验老鼠有致癌作用。试验老鼠被喂食氨基三唑浓度为 100ppm 的水（或 1 勺化学药品兑 10000 勺水）后，第六十八周开始出现甲状腺肿瘤。两年后，半数以上的实验老鼠都出现了肿瘤，经诊断是各种不同类型的良性或恶性肿瘤。低剂量摄入同样会导致肿瘤。事实上，**任何剂量的氨基三唑都会产生影响**。当然，目前无人知道多少剂量的氨基三唑会导致人类患癌，但正如哈佛大学医学教授大卫·鲁特斯坦医生所说，帮助人类除草的剂量，很有可能就是危害人体的剂量。

要揭示新型氯化烃杀虫剂和现代除草剂的全部危害，仍需要假以时日。大多数恶性病变发展缓慢，受害者往往要经过生命里很长一段时间，才会出现临床症状。20 世纪 20 年代早期，在手表表盘上涂抹绘制夜光数字的女工，因嘴唇接触笔刷而摄入微量的镭①，十五年或更久之后，其中一些女工患上了骨癌。有证据显示，因职业接触化学致癌物而引发的某些癌症，潜伏期多为十五至三十年，有些甚至更长。

与各种致癌物质的职业接触不同，军人于 1942 年才开始接触 DDT，民用则始于 1945 年。直到 50 年代初期，各式各样的化学杀

---

① 译注：镭女郎指 1917 年左右受雇于美国镭企业、替手表表面涂上夜光颜料（镭）、最后导致辐射中毒的工厂女工。这些女工被告知颜料无害，她们会用舌尖舔笔尖，以便精准上色。

虫剂才开始广泛投入使用。这些化学药品播下的恶性病变种子,目前还未完全显现出恶果。

多数恶性病变的潜伏期都很长,白血病却是目前公认的例外。广岛原子弹爆炸的幸存者三年后便开始出现白血病症状,现在有证据显示白血病的潜伏期可能会短得多。也许不久会发现其他癌症的潜伏时间也比较短,但目前来看,只有白血病属于例外,癌症病变普遍发展极为缓慢。

自现代杀虫剂兴起以来,白血病发病率一直持续上升。美国人口统计局提供的数据清楚显示,造血组织恶性疾病的病例急速增长。1960年,仅白血病就造成12290例死亡,各类血液、淋巴恶性疾病造成的死亡人数从1950年的16690人激增到25400人,按每10万人的死亡数量来计算,这一数值从1950年的11.1人上升到1960年的14.1人。这种快速增长趋势不仅限于美国,各国有记载的所有年龄段白血病死亡人数都以每年4%—5%的速度增长。这意味着什么?人们频繁接触的环境新物质中,哪些是致命的?

梅奥诊所等世界著名医疗机构收治了数百名造血器官疾病的患者。该诊所血液科的马尔科姆·哈格雷夫斯医生和他的同事报告说,这些病人几乎无一例外都有接触各种有毒化学药品的历史,其中包括含DDT、氯丹、苯、林丹和石油馏出物的各种喷雾剂。

哈格雷夫斯医生相信,使用有毒物质导致的环境疾病不断增长,"过去十年,尤其严重"。凭借丰富的临床经验,他指出:"大多数血液病和淋巴疾病患者都有长期接触各种碳氢化合物的历史,当前多数杀虫剂都含有这类物质。详尽的病历总能呈现出这种关联。"哈格雷夫斯医生诊治过大量白血病、再生障碍性贫血、霍奇金病以及其他血液和造血组织紊乱的病患,每一位患者他都做了详细的病历记录。他报告说:"他们都曾接触过这些环境物质,而且剂量相当大。"

这些病历说明什么？其中一个病患是厌憎蜘蛛的家庭主妇。8月中旬，她将含DDT和石油馏出物的喷雾剂拿进地下室，把整间地下室彻底喷了一遍，包括楼梯下、水果柜内部、天花板和椽子周围的隐蔽区域。喷完后，她开始觉得难受、恶心、极度焦虑和紧张。几天后，她感觉稍好一些。她显然没有怀疑身体不适的原因。9月份，她重复了整个过程，连续又喷了两次药，也经历了两轮喷药、生病、暂时康复、再喷药的循环过程。第三次喷药后，她出现了新的症状：发烧、关节疼痛、全身不适，一条腿得了急性静脉炎。哈格雷夫斯医生检查发现，她患上了急性白血病，第二个月就去世了。

哈格雷夫斯医生的另一位病人是位职员，他的办公室在一间蟑螂横行的老房子里。此人委实受不了蟑螂的存在，决定亲自灭虫。一个星期天，他几乎花了一整天对地下室和所有隐蔽角落进行喷药，使用的是DDT浓度为25%的甲化萘溶液。不一会儿，他身上开始出现瘀痕和出血，到诊所时，身上已有多处皮下出血。血液分析显示，他患上了再生障碍性贫血，骨髓机能已严重衰弱。接下来的五个半月里，他接受了五十九次输血以及其他治疗，得以部分恢复。然而大约九年后，他患上了致命的白血病。

和杀虫剂有关的病例中，影响最显著的是DDT、林丹、六氯化苯、硝基酚类化合物、对二氯苯樟脑丸、氯丹，以及含这些药物的溶剂。正如哈格雷夫斯医生所强调的，单纯只接触一种化合物的情况并不常见，有的也是特例。商用杀虫剂通常含有多种化学物质，溶解在石油馏分液和分散剂中。含有芳香环与不饱和碳氢化合物的溶剂本身就可能严重损害造血器官。不过，从实操角度（而非医学角度）看，区分农药和溶剂的意义不大，因为大部分喷药作业都离不开这类石油溶剂。

美国和其他国家的医学文献记载了许多重要病例,能够支持哈格雷夫斯医生的观点,即这些化学药品与白血病及其他血液病之间存在因果关系。病患都是普通人:被飞机或自家喷洒设备喷洒到药物的农民,喷药杀蚁后留在书房学习的大学生,家里安装了便携式林丹汽化器的妇女,在喷洒过氯丹和毒杀芬的棉花田里劳动的工人。医学术语背后隐藏着各种人间悲剧。捷克斯洛伐克有两个年轻表兄弟,住在同一个镇上,一起工作、玩耍。他们最后一份工作是最致命的,在一家农场合作社搬卸成袋的杀虫剂(六氯化苯)。八个月后,其中一个男孩得了急性白血病,九天之内死了。大约同一时候,他的表兄弟开始容易疲劳、发烧。不到三个月,他因症状加重也住进了医院,诊断结果也是急性白血病,最后也死于这种疾病。

还有一名瑞典农民,他的奇怪状况让人联想到金枪鱼船"福龙丸"上的日本渔民久保山。和久保山一样,这个农民一直很健康,他靠种地为生,而久保山靠出海捕鱼为生。这两人都被天上飘落的毒物判处了死刑。一个遭遇的是辐射性微尘,另一个是化学粉尘。这个农民用含有 DDT 和六氯化苯的药粉喷洒大约 60 英亩的土地,喷洒时,一阵阵风带着药粉在他身边打转。隆德医学诊所的报告说:"当天晚上,他感到异常疲倦。随后几天,他总是觉得浑身虚弱、背疼、腿痛、发冷,不得不卧床休息。他的情况越来越糟,到 5 月 19 日(喷药一周后),申请住进了当地医院。"患者体温很高,血细胞计数异常,被转院到隆德医学诊所。两个半月后,患者在诊所病亡,尸检显示其骨髓已完全衰竭。

细胞分裂这一正常而必需的过程,是如何被改变、发生异常并产生破坏性的,这个问题吸引了无数科学家的关注和巨额资金注入。细胞内发生了什么变化,以致有序的细胞分裂变成了疯狂失控的癌细胞增殖？

几乎可以肯定答案是多样的。由于不同病源、不同发展过程、影响生长或退化的因素不同，癌症呈现出不同的形态，从而必然对应着不同的致病原因。然而，表象之下，主要起因可能只是几种基本的细胞损伤。世界各地到处都存在这方面的研究，有的甚至并不在癌症研究名头之下，这些让我们看到未来攻克这一难题的第一线曙光。

我们再次发现，只有通过研究细胞及其染色体这些最小生命单位，才能找到破解这些谜题的广阔视野。在这个微观世界里，我们必须寻找那些导致细胞的神奇运转机制发生偏离的因素。

德国马克斯·普朗克细胞生理学研究所生物化学家奥托·沃伯格教授提出的癌细胞起源理论格外引人瞩目。沃伯格一生致力于研究细胞内部复杂的氧化过程。凭借广博的知识，他对正常细胞的癌变方式做出了生动、清晰的解释。

沃伯格认为，辐射或化学致癌物能破坏正常细胞的呼吸作用，造成细胞失去能量。重复接触微小剂量即会产生这种后果。此结果一旦形成，便不可逆转。没有被呼吸中毒彻底杀死的细胞会竭力弥补能量的损失。但它们再也无法通过精密高效的循环来生成大量 ATP，只能退回原始、极为低效的发酵方法。通过发酵维持生存会持续很长一段时间，通过细胞分裂继续着这种方式，以致后代细胞会沿用这种异常的呼吸方式。细胞一旦失去正常的呼吸功能，就无法再恢复，一年、十年甚至几十年都难以恢复。在这场恢复缺失能量的艰苦斗争中，那些幸存的细胞开始通过增加发酵来一点一点地进行补偿。这是一场达尔文式的竞争，只有最强或最适应的细胞才能存活下来。最后，细胞通过发酵产生和呼吸同等的能量。到这一步，可以说正常细胞创造出了癌细胞。

沃伯格的理论解释了诸多令人困惑的现象。大多数癌症潜伏期很长,因为呼吸作用开始受损后,细胞需要进行无数次分裂,逐渐增强发酵作用。因为发酵速率不同,不同物种通过发酵作用成为主导所需的时间长度会不同:老鼠所需时间很短,癌症出现也很快;人类所需时间很长(甚至长达数十年),因此病变是一个缓慢的过程。

沃伯格理论也解释了为什么在某些情况下,反复接触小剂量致癌物比一次性大剂量接触更危险。后者可能直接杀死细胞,而小剂量接触却可能让一些受损细胞存活下来,这些幸存细胞随后可能发展为癌细胞。这说明致癌物不存在"安全"剂量。

沃伯格的理论也能解释另一个令人费解的事实:同一种化学物质为何既可治癌也能致癌。众所周知,辐射既能杀死癌细胞,也可能导致癌症。当前用于治疗癌症的许多化学药品也是如此。为什么呢?因为这两种物质都会破坏呼吸作用。癌细胞的呼吸作用已经受损,继续破坏会导致癌细胞死亡。而首次遭受呼吸损坏的正常细胞没有被杀死,但已经走上最终可能导致癌变的道路。

1953 年,其他研究人员仅仅通过长时间、间歇性地剥夺正常细胞供氧,便将正常细胞转化为癌细胞,从而证实了沃伯格的理论。1961 年,沃伯格的理论再次得到验证,这次是活体动物,而非培养的组织。研究人员将放射性跟踪物质注射到患癌小鼠体内,仔细测量小鼠的呼吸,发现细胞发酵速度明显高于正常水平,正如沃伯格所预测的。

按照沃伯格建立的标准,大多数杀虫剂都符合致癌物标准,堪称完美致癌物。正如我们在前面章节提到的,许多氯化烃类、酚类和一些除草剂都会干扰细胞内部的氧化作用和能量生产,由此可能产生休眠癌细胞。不可逆的癌变长期潜伏都不会被发现,直到人们早已忘却,甚至毫不怀疑病因的时候,才最后突然活跃起来变成癌症。

另一种致癌途径可能与染色体有关。这一领域里，很多顶尖研究人员对所有能破坏染色体、干扰细胞分裂或导致突变的因素都保持怀疑态度。在他们眼里，任何突变都是潜在的癌症病因。尽管有关突变的讨论通常指那些可能影响后代的生殖细胞突变，但突变也可能发生在身体细胞中。根据癌症起源的突变理论，受辐射或化学药品影响，细胞可能发生突变，能摆脱身体正常情况下对细胞分裂的控制，疯狂、无规律地增殖。分裂产生的新细胞同样具有逃脱控制的能力，假以时日，将集聚形成癌症。

另有研究人员指出，癌症组织中染色体并不稳定，容易破碎或受损，数量可能出现异常，甚至可能出现两套染色体。

纽约市斯隆-凯特琳研究所的阿尔伯特·莱文和约翰·J.比塞尔最早追踪到染色体异常到实际恶性病变的过程。关于恶性病变与染色体紊乱的发生次序，两位研究人员毫不犹豫地说："染色体异常早于恶性病变发生。"他们推测了这样一个过程：染色体首先受损，产生不稳定，之后很长一段多代细胞反复试错（恶性病变的漫长潜伏期）的时间，发生大量突变不断积累，最终导致细胞摆脱身体控制，开始无规律地增殖，变异为癌症。

奥金德·温格是染色体不稳定性理论的一位早期支持者，他认为染色体倍增尤为关键。通过反复观察发现，六氯化苯和同类化学药品林丹能导致实验植物染色体倍增，而这些化合物也出现在许多记录确凿的致命贫血病例里，这难道是巧合吗？其他干扰细胞分裂、破坏染色体、导致突变的各种杀虫剂情况又如何？

不难理解，为什么白血病是接触辐射或类辐射化学药品带来的最常见疾病。物理或化学诱变剂主要攻击格外活跃的细胞分裂，包括各种组织细胞，尤其是参与造血的细胞。骨髓是生命中最主要的红细胞制造者，每秒向人体血液输送约一千万个新细胞。白细胞在淋巴腺和一些骨髓细胞中形成，生成速度虽不稳定，但数量惊人。

某些化学物质和骨髓关联非常密切,让我们联想到锶90这类放射性产品。杀虫剂溶液的常见成分苯会进入骨髓,沉积时间可长达二十个月。多年来,医学文献已将苯列为白血病的致病物质。

孩童身体组织生长迅速,为恶性细胞的发展提供最佳条件。麦克法兰·伯内特爵士指出,白血病不仅在全球快速增长,也已成为三岁至四岁儿童最常见的疾病,是该年龄段其他疾病发病率无法比拟的。这位权威说:"三到四岁成为发病高峰年龄段,只能说明孩童在出生前后接触过突变诱发物。"

另一种已知致癌诱变剂是尿烷。怀孕的老鼠接触尿烷后,不仅自身会患上肺癌,后代也会重蹈覆辙。这些实验幼鼠仅仅在出生前接触过尿烷,证明这种物质必定是通过胎盘传入的。休珀博士警告说,接触尿烷或相关化学药品的人群可能会使婴儿患上肿瘤。

尿烷是一种氨基甲酸酯类物质,化学成分与除草剂 IPC 和 CIPC 相似。不顾癌症专家再三警告,氨基甲酸酯类物质仍被广泛使用,不仅用作杀虫剂、除草剂和杀菌剂,而且还用于各种塑化剂、医药、服装、绝缘材料等产品中。

通往癌症的路径也可能是间接的。通常意义上并不致癌的物质可能扰乱身体某些部分的正常功能,从而导致恶性病变。与性荷尔蒙平衡失调有关的癌症,特别是生殖系统癌症,便是一个重要例子。在某些情况下,性荷尔蒙失调可能是因为肝脏功能受损,从而无法维持适当的激素水平。氯化烃类药品正是这类能够间接致癌的媒质,它们在一定程度上都对肝脏有毒。

正常来说,人体内性荷尔蒙发挥着刺激生殖器官生长的必要作用。肝脏能维持体内雄性和雌性激素的适当平衡(两性体内都有这两种激素，数量不同），防止其中任何一种激素过度积累，从而形成保护机制。如果肝脏被疾病或化学物质破坏，或者B族复合维生素摄入被减少，就无法发挥平衡作用。这种情况下，雌激素会很快达到异常高的水平。

雌激素过高的后果是什么？至少动物实验已有大量证据。洛克菲勒医学研究所的一位研究员发现，疾病导致肝脏受损的兔子患上子宫肿瘤的概率很高，这可能是因为肝脏无法抑制血液中的雌激素，导致雌性激素"随后增长到致癌水平"。对小鼠、大鼠、豚鼠和猴子进行的大量实验表明，雌激素长期主导（不一定大量）会造成生殖器官组织发生变化，导致"良性增生、恶性病变等不同情况"。仓鼠肾脏肿瘤即是雌激素诱发的。

尽管医学界对上述问题存在不同观点，却已有大量证据支持人体组织也可能发生类似病变的观点。麦吉尔大学维多利亚皇家医院的研究人员发现，他们研究的一百五十例子宫癌病例中，三分之二的病例显示出异常高的雌激素水平。后来的二十个病例中，90%出现类似的高雌激素水平。

肝脏损害有可能已经达到无法抑制雌性激素的程度，但目前医学手段无法检测出来。我们知道，氯化烃类药品很容易引起肝脏损伤，摄入极低剂量就能造成肝细胞变化，并导致B族维生素流失。维生素流失这一点非常重要，已有证据链显示，B族维生素具有抗癌作用。斯隆-凯特琳癌症研究所已故所长C. P. 罗兹发现，接触过强效化学致癌物的实验动物，如果被喂食富含天然维生素B的酵母，便不会患上癌症。而口腔癌或消化道其他部位癌症患者里，常常发现缺乏这些B族维生素。这种情况不仅在美国，也出现在瑞典和芬兰极北部地区，他们的日常饮食普遍缺乏B族维生素。原发性肝癌易发群体（如非洲班图部落）通常存在营养不良现象。男性乳腺癌在非洲部分地区非常普遍，与肝病和营养不良有关。战后,希腊男性乳房增大,就是饥荒时期带来的常见现象。

简言之,杀虫剂间接导致癌症的论点,是基于杀虫剂损害肝脏、减少 B 族维生素供应、进而导致内生雌激素增加等已经证实的事实依据。除此之外,我们还越来越多地接触到各种合成雌激素,通过化妆品、药品、食品和职业接触。内生雌激素和外在合成雌激素产生的混合效果,是应当最受关注的。

人类难免经常接触致癌化合物(包括杀虫剂)。一个人可能会通过不同途径接触同一种化学物质。砷就是一个例子,它以各种不同形式存在于个体的环境中:空气污染物、水污染物、食品上农药残留、药品、化妆品、木材防腐剂,或油漆和油墨中的着色剂。任何一次单独接触可能都不足以引发恶性病变,但人体里已经累积了如此多的"安全剂量",以致任何一次所谓的"安全剂量",都可能造成失衡。

或者,两种或以上不同致癌物共同作用造成危害,形成叠加效应。例如,接触过 DDT 的人,几乎肯定会接触到其他对肝脏有害的碳氢化合物,后者被广泛用作溶剂、油漆去除剂、脱脂剂、干洗液和麻醉剂。这种情况下,多少 DDT 能看作是"安全剂量"呢?

更为复杂的情况是,一种化学物质可能作用于另一种化学物质,改变其作用效果。有时候,需要两种化学物质共同作用才能诱发癌症,一种化学物质使细胞或组织变得敏感,另一种化合物或促进剂进一步作用,从而引发真正的恶性病变。因此,在皮肤肿瘤的产生过程中,除草剂 IPC 和 CIPC 可能起着诱发剂的作用,播下恶性病变的种子,再由其他物质(可能一种常见洗涤剂)带来实际病变。

物理和化学物质之间也可能存在相互作用。白血病发生过程可能分为两步:X 射线引发恶性病变,然后一种化学药品(如尿烷)起促进作用。人类接触的各种辐射越来越多,再加上与各种化学药品频繁接触,昭示现代世界面临着严峻的新问题。

放射性物质对水源的污染产生另一个问题。这些放射性物质作为水中污染物,通过电离辐射作用,以不可预测的方式重新排列化合物的原子,生成新的化学物质,从而改变了水中所含化学物质的性质。

洗涤剂造成的公共水源污染问题极为棘手,无所不在,令美国各地水污染专家非常担忧。目前,还没有切实可行的处理方法。洗涤剂很少是致癌物,但可能作用于消化道内壁,改变机体组织,使组织更容易吸收危险化学品,从而加重化学品的危害,间接导致癌症。但谁能预见和控制这种作用呢?在千变万化的环境中,除了零剂量外,什么剂量的致癌物能看作是"安全的"?

我们容忍环境中存在致癌物,令自身处于险境。最近发生的一件事很说明问题。1961 年春天,许多联邦、州一级和私人的虹鳟鱼孵化场都爆发了肝癌。美国东部和西部的鳟鱼皆受到影响;有些地区三岁龄以上的鳟鱼几乎全部患上了癌症。这一数据的获取得益于国家癌症研究所环境癌症科和鱼类及野生动植物管理局的预先部署,是他们要求记录所有感染肿瘤的鱼类,以便针对水污染带给人类的癌症威胁,能够做出早期预警。

尽管大面积爆发肝癌的确切原因目前仍在研究中,最重要的证据已经指向孵化场备用饵料中的某些物质。除基本食物成分外,饵料中还含有多种化学添加剂和药物。

虹鳟鱼事件具有多重意义,最主要的是揭示强致癌物进入生存环境后可能造成什么样的后果。休珀博士认为,虹鳟鱼事件是对人类的一个严重警告,人们必须高度重视对环境致癌物数量和种类的控制。休珀博士说:"如果不采取预防性措施,类似灾难发生在人类身上的概率会逐渐增加。"

正如一位研究人员所言，发现我们生活在一片"致癌物质的海洋里"是令人沮丧的，很容易导致绝望和失败的反应。最常见的反应是，"难道完全没希望了吗？难道连尝试清除世界上的致癌物质都不可能了吗？与其浪费时间尝试清除致癌物，不如竭尽全力研究治愈癌症的方法，这是不是更好？"

经过长时间深思熟虑，休珀博士给出了答案。休珀博士毕生致力于癌症研究，经验丰富、成果斐然，这令他的观点备受尊重。休珀博士认为，我们今天面对的癌症情形与19世纪末人类面临的传染病情况非常相似。当时，巴斯德和科赫优异的工作已经揭示了致病有机体和许多疾病之间存在因果关系。医学人员和普通大众渐渐明白，人类环境中存在着大量致病微生物，正如今天致癌物充斥我们的环境。大多数传染病现在已得到合理控制，有些甚至被彻底消灭了。如此辉煌的医学成就得益于严格预防和有效治疗。虽然门外汉普遍相信"仙丹""神药"，实际上，人类对抗传染病的大多数决定性战役都离不开清除致病微生物的措施。一百多年前，伦敦霍乱的大爆发就是历史证明。伦敦医生约翰·斯诺绘制了病例分布地图，发现这些病例起源于同一个地区，该区所有居民都从布罗德街的一个水泵取水。斯诺医生依照预防医学实践，迅速拆除了水泵的阀门，疫情由此得到控制。这一措施没有杀灭霍乱病菌（此病菌当时还不为人知）的灵丹妙药，而是根除了环境中的致病微生物。有效的治疗措施不仅要能治愈病人，也要减少传染源。目前，结核病之所以相对少见，很大程度上是因为一般人很少接触到结核杆菌。

当今世界充满了致癌物质。休珀博士认为，完全或主要依靠医疗手段抗击癌症（甚至假设能够找到"治愈良方"）终将遭遇失败。大量致癌物将继续导致新的受害者，其危害速度远远超过至今渺茫的"治愈"疗法对抗癌症的速度。

我们为什么迟迟没有采用这种常识性方法来应对癌症问题？休珀博士说，可能是"与预防癌症相比，治愈癌症病患这一目标更振奋人心、更明显、更耀眼和更有成就感"。然而，预防癌症的产生"肯定更人道"，且"远比癌症治疗有效"。对那种"每天早餐前服用一粒神药"能预防癌症的幻想，休珀博士完全没有耐心。公众相信这种神奇，部分源于对癌症的误解。他们以为，癌症虽然神秘，也只是一种疾病，只有一个病因，从而希望有一种疗法。这种认知与已知事实大相径庭。正如环境性癌症是由各种不同的化学和物理因素诱发的，病变状况也有多种多样的生物学表现方式。

即使翘首以盼的"突破"有朝一日变成现实，也不能指望是包治所有恶性病变的万灵神药。我们必须继续寻找治疗方法，以减轻和治愈癌症患者，但那种寄希望于一蹴而就找到治愈方法的幻想，却是对人类有害的。这个问题只能慢慢地、一步一个脚印去解决。与此同时，当我们投入数百万美元用于研究，将所有希望寄托于治愈癌症的大型项目时，甚至当我们试图治病时，我们忽略了预防癌症的黄金机会。

预防癌症绝非毫无希望。从一个重要的方面看来，其前景比世纪之交应对传染病更为鼓舞人心。那时的世界充满病菌，就像今天的世界充满致癌物一样。但人类没有将病菌投入环境，也没有主动传播细菌。与之相反，今天绝大多数致癌物是人类投入环境的，只要人们愿意，能够消除其中大多数。化学致癌物通过两种途径肆虐我们的世界：第一种颇有讽刺意味，通过人类追求更美好更便捷的生活所致；第二种是这类化学品的生产和销售已经广为接受，成为我们经济和生活方式的一部分。

指望所有化学致癌物能够被彻底根除，这是不现实的。但其中绝大部分根本不是生活必需品，如果消除这些，致癌物总量将大大减少,人类四分之一罹患癌症的概率也将大大降低。目前最需要坚决消除那些污染食物、水源和空气的致癌物,剂量虽然微小,但多年反复摄入,是最危险的接触方式。

许多癌症研究领域的杰出专家都赞同休珀博士的观点,只要坚定地致力于识别环境性病因,消除或降低危害,便能够显著减少恶性疾病。对于那些已经罹患癌症或有潜在病变的人们来说,我们当然必须继续努力寻找治疗方法。但对于那些尚未被癌症影响的人群,包括尚未出生的后代子孙,预防是当务之急。

第十五章 大自然的报复

　　人类顶着如此巨大的风险,依照自己的喜好去改造自然界,却没能实现目标,确实充满了终极的讽刺意味。这正是我们目前的处境。一个鲜少提及但无从逃避的真相是:大自然不会轻易被塑造,昆虫也正逐渐找到躲避人类农药攻击的方法。

　　荷兰生物学家 C.J. 布雷约说:"昆虫世界是大自然最令人震撼的奇观。昆虫世界里一切皆有可能;那里时常出现不可思议的现象。深入探索其中奥秘的人,总会惊愕得无法呼吸,他知道任何事情都有可能发生,完全不可能的事情也经常发生。"

　　目前,"不可能"的事情正在两大领域发生。一是昆虫经过基因选择,获得对化学品的抗药性,下一章将讨论这个问题。另一个是本章关注的更宽泛的问题:我们的化学药品攻击正在削弱环境自身的防御机制,制约不同物种平衡的机制。我们每次突破这些防御机制,都会导致昆虫蜂拥而至。

　　世界各地的报告清楚地显示,我们正面临严重的困境。历经十多年的大规模化学防治,昆虫学家发现,他们以为几年前已经解决的问题竟然卷土重来,同时出现新问题:一些过去数目不多的昆虫骤然泛滥成灾。化学防控本质上是自食其果,人类设计和使用化学防控时没有考虑复杂的生物系统,盲目攻击防控对象。这些化学药品或许在少数物种身上进行过前期测试,但并没有经过活体生物圈的验证。

现在时髦的观点认为,自然平衡流行于早期、简单的世界,目前自然平衡已经被彻底打破,大可以摒弃这种认知、置之不理。有些人觉得此言在理,但若照此行事,将会非常危险。当下的自然平衡虽然与更新世的不可同日而语,但生物之间复杂精确且高度整合的关系系统不容忽视,否则将如身处悬崖边上的人一样遭受地球引力定律的惩罚。自然界的平衡并非**静止不动**,而是不断流动、变化、持续调整中。人类本身是自然平衡的一部分,这个过程有时候对人类有利;有时候,通常是人类自身活动的干扰,会转向对人类不利。

现代昆虫防治计划在设计中忽略了两个至关重要的事实。第一,真正有效的昆虫防控来自自然,而不是人类。生物学家将控制种群数量的自然力量称为环境阻力,这种阻力自生命在地球上诞生之日起就存在。可获取的食物数量、天气和气候条件、竞争或捕食物种的存在,这些都是十分重要的因素。昆虫学家罗伯特·梅特卡夫说:"防止昆虫填满整个世界的唯一有效因素是昆虫内部存在的互相残杀。"但现在使用的大多数农药不加区别地杀死所有昆虫,无论是敌是友。

第二个被忽视的事实是,环境阻力一旦减弱,物种的繁殖会出现爆炸式增长。很多生命体的繁殖能力超乎我们的想象,我们偶尔会有所察觉。我想起自己在学生时代做过的试验,在干草和水简单混合的罐子里,加入几滴原生动物培养液,几天内奇迹就会发生:罐子里充满无数转来转去、四处突奔的生命。这些数以万亿、数不胜数的微生物就是**草履虫**,细如微尘,在温度适宜、食物充足、没有天敌的临时伊甸园中无拘无束地繁殖。我也想起海滨岩石上随处可见的白色藤壶,还有巨大无比的水母群畅游而过,水母如幽灵般飘忽,绵延数英里,几乎和海水融为一体,景象蔚为壮观。

当鳕鱼从冬季海洋洄游产卵地时,我们可以见证自然控制的神奇。每条雌鱼能产下数百万枚鱼卵,如果所有鱼卵都得以存活,海洋将会被鳕鱼填满,然而这种情况并未发生。每一对鳕鱼所产的数百万鱼苗,平均而言,能够存活成年的,数量大致足以取代亲鱼,这便是自然界的制约力量。

生物学家曾如此推测来自娱自乐:如果某些难以想象的灾难降临,所有自然控制失效,导致一个个体的所有后代都能存活下来,结果会怎样? 一百年前,托马斯·赫胥黎计算后得出,一只雌性蚜虫(具有不交配就能繁殖的奇特能力)在一年内繁殖的后代,其总重量与当时中国人口的总体重相当。

所幸,这种极端情况只是理论推演。不过,研究动物种群的人们深谙破坏大自然自身调节机制可能造成的可怕结果。田鼠数目原本受草原狼制约,牧民狂热地消灭草原狼,才导致田鼠泛滥成灾。大家耳熟能详的亚利桑那州凯巴布高原黑尾鹿故事,是另一典型案例。黑尾鹿种群数目与其生存环境一度处于平衡状态。狼、美洲狮、草原狼等捕食动物确保鹿群数量不会超越食物供应。后来,为了"保护"鹿群,人们开始捕杀那些捕食动物。捕食者一旦消失,鹿群数量快速增长,很快出现了食物短缺。鹿群到处觅食,树上的啃食线越来越高。后来,死于饥饿的黑尾鹿远远超过被捕食动物杀死的数量。此外,整个环境也因鹿群疯狂觅食而遭受严重破坏。

田间林中的捕食性昆虫起着类似凯巴布高原狼及草原狼的作用,消灭这些捕食性昆虫,会造成被捕食昆虫的数量猛增。

无人知道地球上究竟有多少种昆虫,太多的昆虫种类迄今尚未被识别。目前已知昆虫种类超过七十万种。按物种数目来算,这意味着地球上 70%—80% 的生物是昆虫。这些昆虫绝大多数都受到自然力量的制约，没有任何人为干预。否则，无论多大剂量的化学品，无论任何其他手段，恐怕都难以控制昆虫的数量。

麻烦的是，只有当我们失去自然保护之后，才意识到昆虫自然天敌的作用。我们大多数人视若无睹地行走于世间，感受不到这个世界的神奇和美丽，对生活在我们周围奇异的、数量骇人的生命无知无觉。正因为如此，很少有人知道捕食性和寄生性昆虫的活动。也许我们留意过花园灌木丛中形状奇特、动作凶悍的昆虫，也模糊知道螳螂靠捕食其他昆虫为生。但是，只有当我们晚上拿着手电筒走进花园里，间或瞥见螳螂偷偷摸摸地靠近猎物，我们才有真切的了解，我们才能感受到捕食者与猎物之间的戏剧性关系，然后我们才开始感觉到大自然无情的自我控制力量。

以其他昆虫为食的捕食性昆虫种类繁多。有些行动敏捷，速度堪比在空中捕捉猎物的燕子。有些则慢条斯理地沿着树干爬行，攫取和吞食蚜虫等静止不动的昆虫。黄夹克[1]捕捉软体昆虫，用其汁液喂养幼蜂。泥蜂在屋檐下用泥土筑成柱状泥巢，里面贮存昆虫，供幼蜂食用。卫士黄蜂盘旋在食草牛群上方，杀死侵扰牛群的吸血蝇虫。嗡嗡作响的食蚜蝇常被误认为是蜜蜂，在长了蚜虫的植物叶子上产卵，孵化的幼虫会吃掉大量蚜虫。瓢虫是对付蚜虫、介壳虫和其他植食性昆虫最有效的一种剿灭昆虫，一只瓢虫一次产卵就需要吃掉数百只蚜虫，才能储备足够的能量。

寄生性昆虫的生活习性更为奇特。这类昆虫不会直接杀死宿主，而是通过各种适应机制利用宿主来喂养自己的幼虫。它们可能将虫卵产在宿主的幼虫或虫卵里面，这样它们的幼虫在发育期间就能以宿主为食。有些会用黏液将虫卵粘到毛虫身上；孵化后的寄生幼虫会钻进宿主皮肤里面。还有一些寄生性昆虫凭借预见

---

[1] 译注：黄蜂的俗称。

未来的本能,直接在叶子上产卵,等待毛虫进食时不经意间吞下虫卵。

田间地头、院墙篱下、花园、森林,随处可见捕食性昆虫和寄生性昆虫。蜻蜓在池塘上方快速飞行,阳光照在它们的翅膀上,像火花一样闪耀。正是靠这样的翅膀,蜻蜓的祖先才能从巨型爬行动物生活过的沼泽上飞掠而过。与远古时代一样,现在的蜻蜓眼睛仍然灵敏,靠弯曲成篮筐状的腿兜捕空中的蚊子。蜻蜓幼体(即蜻蜓若虫,又称稚虫)则在水下捕食蚊子和其他昆虫的水生阶段虫体。

附在叶子上几不可见的草蛉虫,是生活在二叠纪时代一种古老物种的后代,长着薄纱般的绿色羽翼和金色的眼睛,害羞且隐蔽。成年草蛉虫主要以植物花蜜和蚜虫蜜露为食,到了产卵时节,草蛉虫通过一条细长丝柄,将丝柄末端的卵固定在树叶上。孵出的幼虫叫作蚜狮,长相奇特,有毛刺。蚜狮捕获蚜虫、介壳虫或螨虫并吸干其汁液。一只蚜狮可以吃掉数百只蚜虫,永无止息的生命循环接着带来抽丝结茧,等待化蛹成虫。

还有许多黄蜂和苍蝇,通过寄生方式以其他昆虫的卵或幼虫为食,得以生存。一些卵寄生黄蜂极其微小,但数量众多、活动力强,能抑制多种庄稼害虫的大量繁殖。

无论晴天雨天,不分白天黑夜,所有这些小生物都在辛勤劳作,哪怕寒冬扑打,只剩下微弱的生命之火,它们仍在坚持。等到春天唤醒昆虫世界的时候,隐隐闪烁的这点微光会再次萌发出旺盛的活力。整个冬季,厚厚的积雪下,冻结的土壤里,树皮的裂缝和隐蔽的洞穴中,寄生性和捕食性昆虫各显神通、觅得栖身之处。

雌螳螂一生贯穿整个夏天。夏末来临,雌螳螂生命周期即将结束,会将卵产在薄薄的卵鞘里,妥当地粘在灌木枝上,很安全。

雌性**造纸**黄蜂会在被人遗忘的阁楼角落安家,体内携带着承载整个种群未来的受精卵。春天来临,独居的雌黄蜂开始建造一个小小的纸巢,在每个巢室里产下几枚卵,精心抚育起一小批工蜂。在工蜂的帮助下,雌黄蜂将扩大蜂巢、壮大族群。之后的炎炎夏日,这些工蜂不知疲倦地觅食,吃掉无数毛毛虫。

因此,这些昆虫的生活习性和人类自身需求的特点,使得这些昆虫成为人类的盟友,维持着对人类有利的自然平衡。然而我们却把炮火对准了盟友。最可怕的是,我们严重低估了它们在遏制敌人进攻方面的巨大价值。没有它们的帮助,人类会被害虫灭掉。

杀虫剂数量、种类和破坏力逐年增长,致使环境阻力出现普遍的、永久性的减弱,这一前景变得日益暗淡、真实。随着时间的推移,我们可能会面临愈加严重的虫害爆发(包括病媒昆虫和庄稼害虫),其危害程度将超乎我们已有的认知。

你可能会问:"即便可以这么说,这不都是理论假设吗?肯定不会真的发生,无论如何不会在我有生之年发生。"

但这正是此时此刻正发生的事情。截至1958年,科学期刊已经记录了大约五十种自然平衡被严重扰乱的物种。每年都会发现更多的实例。最近有一篇相关的综述性研究论文,参考文献多达二百一十五篇,都是报告或讨论杀虫剂导致昆虫种群失衡、引发严重危害的。

有时,喷洒农药的效果适得其反,导致本想控制的昆虫泛滥成灾。安大略省喷药后,黑蝇数量比以前增长了十七倍。英格兰喷洒一种有机磷农药后,爆发了前所未有的卷心菜蚜虫灾害。

也有时候,喷药有效控制了目标昆虫,但像打开了潘多拉魔盒,导致以前数量不足为害的昆虫肆虐成灾。例如,DDT 和其他杀虫剂消灭了叶螨的天敌,叶螨却成了祸害全世界的害虫。叶螨并不是昆虫,是一种肉眼几乎不可见的八足生物,跟蜘蛛、蝎子、蜱虫同属一纲。它的口器擅长刺穿和吸吮,喜食给世界带来青翠的叶绿素,叶螨把细小、尖锐的口器插入阔叶和常绿针叶的外部细胞中,摄取其中的叶绿素。受到叶螨轻微侵染的乔木和灌木会出现斑驳或胡椒盐形状,若是螨虫数量多、危害严重,叶子会枯黄凋零。

几年前,西部国家森林出现过这类情况。1956 年,为控制云杉卷叶蛾,美国林务局向约 88.5 万英亩森林喷洒了 DDT。次年夏天,比云杉卷叶蛾更严重的问题出现了。空中森林调查发现大片枯萎的森林,其间高大的道格拉斯冷杉针叶变成棕色、脱落。从海伦娜国家森林到大贝尔特山脉西部斜坡,到蒙大拿州其他地区,往下延伸到爱达荷州,沿途森林犹如被火烧焦一般。显然,1957 年夏天发生了有史以来范围最广、危害最大的叶螨侵染。几乎所有喷药区都受到危害,其他未喷药地区则未见异常。查找相似先例时,林务员能够想起几次叶螨虫害,如 1929 年黄石公园麦迪逊河,1949 年科罗拉多州,以及 1956 年新墨西哥州,但都没有这次严重。**每一次叶螨爆发都发生在森林喷洒杀虫剂之后**。(1929 年的喷洒,发生在发明 DDT 之前,使用的是砷酸铅。)

为什么施用杀虫剂之后,叶螨反而更繁盛了?除了叶螨明显对杀虫剂相对不敏感之外,似乎还有其他两个原因。在自然界,叶螨数目受各种捕食性昆虫共同制约,如瓢虫、瘿蚊、捕食螨和其他几种掠食性昆虫,这些昆虫对杀虫剂都极为敏感。第三个原因与叶螨种群内的数量压力有关。未受干扰时,叶螨种群是高度密集居住的社群,挤在一条共同的保护性丝网下躲避天敌。喷药虽然没有杀死叶螨,却刺激叶螨四散奔逃,分头寻找其他不受干扰的栖居地。它们会找到一个空间更大、食物更丰富的集聚地。天敌被消灭以后,叶螨不需要花费精力去分泌保护性丝网,于是它们将所有精力都投入到繁殖后代上。受益于杀虫剂作用,叶螨的产卵量通常可以提高三倍。

弗吉尼亚州谢南多厄河谷是著名的苹果种植区,一旦开始用

DDT 取代砷酸铅，一种被称为红带卷叶虫的小昆虫就开始祸害果农。以前这种昆虫不足为虑，突然之间侵食了果园里一半的果实，随着 DDT 使用量的增加，红带卷叶虫成了该地区乃至大部分东部和中西部地区最具破坏性的苹果害虫。

这种情况充满讽刺意味。20 世纪 40 年代后期的新斯科舍省，定期喷药的苹果园出现了最严重的苹果卷叶蛾虫害（"长蛆虫的苹果"的由来）。在没有喷药的果园里，卷叶蛾的数量并不足以造成真正的麻烦。

苏丹东部的棉农也有使用 DDT 的痛苦经历，大力喷药带来了类似的令人失望的效果。加什三角洲灌溉便利，种植了约 6 万英亩棉花。早期试用 DDT 的效果良好，人们于是加强了喷药力度，麻烦也就随之产生。棉铃虫是对棉花最具破坏性的一种害虫，随着喷药的棉田越多，棉铃虫数量越多。未喷药的棉田里，棉桃及稍后成熟的棉铃较少受损；而喷过两次药的棉田，籽棉产量显著下降。虽然 DDT 消灭了一些食叶昆虫，但因此获得的收益被棉铃虫带来的损害大大抵消了。最终，棉农不得不面对极不愉快的事实：如果节省喷药的麻烦和费用，棉花产量会更高。

在比利时刚果和乌干达①，人们大量喷洒 DDT 抑制咖啡树害虫，几乎造成"毁灭性"后果。害虫几乎完全不受 DDT 影响，其捕食者却对 DDT 极为敏感。

在美国，由于喷药扰乱了昆虫世界的种群动态，农民消灭一种害虫，反复换来更恶劣的害虫。最近开展的两项大规模喷药计划都正好体现了这种效果，一项是南部的根除火蚁计划，另一项是中西部灭杀日本丽金龟计划。（见本书第十章和第七章）。

---

① 译注：比利时刚果位于中非地区，1908—1960 年为比利时殖民地，1960 年独立，更名刚果民主共和国。

1957 年,路易斯安那州农田大规模喷洒七氯,结果造成甘蔗螟虫(危害甘蔗最大的一种虫害)完全失控。喷洒七氯后不久,甘蔗螟虫造成的破坏陡然剧增。针对火蚁的化学农药也杀死了甘蔗螟虫的天敌。由于甘蔗受损严重,农民寻求起诉州政府失职,认为州政府未能事先就农药的危害发出警告。

伊利诺伊州农民遭受了同样惨痛的教训。为了控制日本丽金龟,伊利诺伊州最近对东部农田大量喷洒了高毒性狄氏剂,农民们却发现喷药区的玉米螟数量大大增加。事实上,喷药区内具有破坏性的玉米螟幼虫数量几乎是未喷药区的两倍。农民们或许不明白这种现象的生物学原理,但无需科学家解释,他们也知道这次做了赔本买卖:为了摆脱一种昆虫,却招来破坏力更强的另一种昆虫。据农业部估计,日本丽金龟每年给美国造成的总损失大约为1000 万美元,而玉米螟造成的损失则高达 8500 万美元。

值得注意的是,以前玉米螟防控主要依赖自然力量。自从玉米螟于 1917 年从欧洲被意外引入美国后,两年间,美国政府建立了寻找并引进玉米螟寄生虫的宏大项目。此后花费巨资从欧洲和东方国家引入了二十四种玉米螟寄生虫,其中五种确认有显著的防控效果。毋庸赘言,由于喷药消灭了玉米螟天敌,所有前期工作的成果皆化为泡影。

如果这看似荒谬,不妨再看一下加州柑橘园的情况。19 世纪80 年代,那里曾开展过世界上最著名、最成功的生物防治实验。1872 年,加州出现了一种以柑橘树汁为食的介壳虫,十五年内发展成一种极具破坏性的害虫,导致众多果园损失殆尽。年轻的柑橘产业面临全军覆没的威胁。很多果农拔除果树,放弃种植。后来人们从澳大利亚引进了一种叫澳洲瓢虫的介壳虫寄生虫。首批瓢虫引入不到两年,加州所有柑橘种植区的虫害都得到完全的控制。从那以后,在果园中寻找数日,也不会发现一只介壳虫。

然而,20 世纪 40 年代,柑橘果农开始尝试使用新型化学品来防治其他昆虫。随着 DDT 和后期毒性更强的化学药品的问世,加州许多地区的澳洲瓢虫种群被消灭。政府当年仅花费 5000 美元引入瓢虫,每年能为果农挽救数百万美元的损失。一不留神,这一收益便化为乌有。介壳虫的侵扰很快卷土重来,造成五十年来罕见的损失。

　　"这可能标志着一个时代的结束。"里弗赛德柑橘实验站的保罗·德巴赫博士说。介壳虫防治工作现在变得异常复杂。不仅需要反复投放才能保持澳洲瓢虫的种群数目,还要更为谨慎地关注喷药时间,以减少瓢虫与杀虫剂的接触。无论柑橘果农如何小心行事,多少都会受到邻近果园喷药的影响,只因空中飘移的杀虫剂就已经造成了严重的损失。

　　上述案例都跟危害农作物的昆虫有关。那些病媒昆虫又如何呢?目前警示已经出现。例如第二次世界大战期间,南太平洋上尼桑岛进行过高强度喷药,但战争结束后就停止了。不久,大量携带疟疾病原虫的蚊子重新入侵了这座岛屿。此时,蚊子的天敌已被消灭,而新的种群尚未建立,蚊子数量因而出现爆炸式增长。马歇尔·莱尔德将这种化学防控比作跑步机,一旦踏上机器,因害怕后果而不能停下来。

　　世界上有些地方,疾病与喷药可能以非常不同的方式发生关联。出于某些原因,人们已多次观察到蜗螺类软体动物几乎对杀虫剂完全免疫。佛罗里达州东部盐沼喷药带来的大规模杀戮中(见第九章),只有水生螺存活下来。人们描述的场景酷似一幅超现实主义笔法描绘的恐怖画面,水生螺爬行在鱼类尸体和濒死螃蟹之间,吞噬着被毒死的生物。

　　这种情况为什么重要?因为许多水生螺是危险寄生虫的宿

主,这些寄生虫的一部分生命周期在软体动物体内度过,另一部分在人体内度过。血吸虫就是这类例子之一,它们通过饮用水进入人体,或通过受感染的洗澡水浸入皮肤,引发严重的疾病。血吸虫便是由蜗螺类宿主释放进入水中的,由此引发的疾病在亚洲和非洲部分地区尤为普遍。一旦爆发疫情,昆虫防控措施通常会造成蜗螺类大量增长,很可能产生严重后果。

当然,人类并非蜗螺类传播疾病的唯一受害者。牛、绵羊、山羊、鹿、麋鹿、兔子和其他各种温血动物都可能因为肝吸虫染上肝脏疾病,肝吸虫在淡水螺中度过一部分生命周期。感染肝吸虫的动物肝脏不再适合人类食用,一般被禁止售卖。这一禁令每年给美国牧民带来约350万美元的损失。显然,任何造成水螺增多的措施都会加剧这一问题。

过去十年中,这类问题已经投下了长长的阴影,我们却一直后知后觉。最合适研发自然控制方法并开展应用的人才,大部分都在忙于热闹喧嚣的化学防控。1960年有报道称,美国只有2%的经济昆虫学家从事生物防治领域的工作,余下98%的学者中,大多数都在从事化学杀虫剂的研究。

为什么情况会这样?大型化学公司给大学提供大量资金,支持开展杀虫剂研究,这给研究生创造了诱人的奖学金和极具吸引力的工作岗位。而生物防控研究从未获得过如此资助,原因很简单,这一领域无法给任何人带来化学工业所能承诺的财富。这些研究只好留给各州和联邦机构里薪水微薄的研究人员。

这也解释了一个令人迷惑的现象,为什么某些杰出昆虫学家会积极倡导化学控制。只要查询这些人的背景,你会发现他们全部研究项目都是化学工业资助的。他们的职业声誉乃至他们的工作本身,都依赖于化学防治方法的永久持续。我们能指望他们反对资助方吗？了解了他们的偏见,对他们辩称的:杀虫剂无害,我们还能给予多大的信任呢?

在使用化学品作为主要昆虫控制方法的一片叫好声中,偶尔会出现少数派昆虫学家的报告。他们坚守着自己作为生物学家的底线,清醒地知道自己不是化学家或工程师。

英国 F. H. 雅各布宣称:"许多所谓经济昆虫学家的做法看起来是基于一个信念:拯救世界仰仗于农药喷嘴……当喷药造成害虫卷土重来,或产生抗药性,或毒害哺乳动物等问题,化学家会有另一种新药来应对。这种观点站不住脚……最终,只有生物学家才能解答防治害虫的基本问题。"

新斯科舍省的 A. D. 皮克特写道:"经济昆虫学家必须意识到,他们在跟生物打交道……他们的工作不仅仅是简单的杀虫剂测试或寻求破坏性更强的化学品。"皮克特博士本人是理性昆虫防治领域的先驱,主张充分利用捕食性和寄生性物种控制害虫。他与同事提出的方法堪称当今生物防治的光辉典范,非常罕见,只有加州几位昆虫学家开展的联合防治项目勉强可与之相提并论。

大约三十五年前,皮克特博士开始在新斯科舍省安纳波利斯山谷的苹果园开展研究,那里曾是加拿大最集中的一个水果种植区。当时人们相信杀虫剂(那时还是无机化学品)会解决昆虫控制问题,唯一的任务只是劝说果农遵循推荐的操作方法。然而,美好愿景未能实现,昆虫依然存在。人们采用新型化学品,设计更好的喷洒设备,喷药热情日益高涨,可昆虫问题并没有得到改善。后来,DDT 号称能够"终结"苹果卷叶蛾"噩梦",实际后果却是一场前所未有的螨虫灾害。皮克特博士说:"我们从危机走向危机,不过是用一个问题替代另一个问题。"

这时候,与其他昆虫学家继续追寻毒性更强的化学药品不同,皮克特博士与同事们踏上了一条新路。他们认识到自然界中有强大的盟友,从而设计出一项最大限度利用自然控制、最低限度使用杀虫剂的方案。施用杀虫剂时,仅使用最小剂量,以刚好控制住害虫同时避免对益虫造成无可挽救的伤害为目标。还考量恰当的用药时间点:赶在苹果花期之前施用硫酸烟碱,那时一种重要的捕食性昆虫的虫卵仍处于孵化期,可幸免于难。

皮克特博士在选择化学药剂时特别谨慎,尽量减少对寄生性和捕食性昆虫的危害。他说:"如果我们像过去使用无机化学药品一样,把 DDT、对硫磷、氯丹和其他新型杀虫剂当作常规控制措施,研究生物防治的昆虫学家还不如举白旗认输。"他没有使用这些剧毒的广谱杀虫剂,而主要依靠鱼尼丁(从热带植物的地茎提取而来)、硫酸烟碱和砷酸铅。在某些情况下,他们会使用浓度极低的 DDT 或马拉硫磷(每 100 加仑 1 或 2 盎司,并非常用的每 100 加仑 1 或 2 磅)。尽管这两种药物已经是毒性最小的现代杀虫剂,皮克特博士仍然希望通过进一步研究,找到更安全和更有针对性的替代物。

皮克特博士的项目效果如何呢?新斯科舍省果园实施了皮克特博士的改良计划,产出的一级水果比例与那些使用高强度喷药的果园一样高,水果总产量也同样好。此外,他们以明显更低的成本获得了同样的收成,新斯科舍省苹果园杀虫剂费用仅为其他苹果种植区的 10%—20%。

比傲人的收成更为重要的是,新斯科舍省昆虫学家设计的改良项目不会破坏自然平衡。该项目正在实践加拿大昆虫学家 G. C. 乌利耶特十年前阐述的哲学:"我们必须改变观念,摒弃人类的优越感,承认在许多情况下,我们在自然环境中找到的生物数量限制方法和手段,比人类干预的做法更经济。"

第十六章　隆隆雪崩声

如果达尔文今天还活着，目睹适者生存理论在昆虫世界得到如此有力的论证，一定会感到愉快又震惊。在高强度喷药的压力之下，昆虫种群中弱者被消灭殆尽。眼下，在许多地区，只有那些强壮而适应性好的昆虫得以存活，能够抵抗人类的防控努力。

近半个世纪前，华盛顿州立学院昆虫学教授 A. L. 梅兰德提了一个现在看来显而易见的问题："昆虫会对喷药产生抗药性吗？"如果梅兰德当时不清楚答案，或后来才慢慢知道答案，那只是因为他问得太早，当时是 1914 年，而不是四十年之后。在前 DDT 时代，无机化学物施用规模在今天看来相当温和，也已经有地方的昆虫对化学品雾剂或粉剂产生了适应性。梅兰德本人就遇到了梨圆蚧这个难题。多年来，喷洒石灰硫黄一直能起到令人满意的控制效果。然而在华盛顿克拉克斯顿地区，梨圆蚧变得非常顽固，比韦纳奇和亚基马山谷的果园以及其他地方的梨圆蚧都更难杀灭。

美国其他地区的介壳虫似乎也突然明白了同样的道理：不管果农如何勤奋卖力地喷洒石灰硫黄，介壳虫都没死。中西部数千英亩优质果园就这样被耐药的介壳虫给毁掉了。

在加州某些地方，用帆布帐篷罩住果树进行氢氰酸熏蒸，这是一个久经考验的防控办法，现在也开始失效了。1915 年，加州柑橘实验站开始对此展开研究，前后持续了二十五年。另一种产生抗药性的昆虫是 20 世纪 20 年代的苹果卷叶蛾，之前被砷酸铅成功控制了四十年。

然而，DDT 及其众多同属化学品的到来催生了真正的抗药性时代。只要具备最简单的昆虫或动物种群变化的知识，都不会对短短几年里暴露出来的这个凶险问题感到意外。尽管如此，人们很慢才意识到，昆虫已经具备有效抵抗化学攻击的武器。目前，只有那些关注病媒昆虫的人才完全警觉情况的危急。而农业学家大都愉快地寄望于研发毒性更强的新型化学品，目前的困境正是由这种似是而非的错误理念造成的。

人们对昆虫抗药性现象的认识很迟缓，抗药性本身却发展迅速。1945 年之前，人们仅发现十几种昆虫对前 DDT 时代的杀虫剂产生了抗药性。随着新型有机化学品的出现和高强度喷洒手段的更新，抗药性开始急剧上升，1960 年抗药性昆虫达到令人震惊的一百三十七种，无人相信问题能很快终结。目前，与此相关的研究论文已经有一千多篇。在全球各地大约三百名科学家的协助下，世界卫生组织宣布："昆虫抗药性是目前病菌防控项目面临的最重要难题。"英国德高望重的动物种群学者查尔斯·埃尔顿博士说过："我们听到早期隆隆声，随后可能就会变成雪崩。"

有时候抗药性发展太快，以至于鼓吹某种化学品成功控制某种昆虫的报道油墨未干，就不得不发表更正报告。例如在南非，牧民们长期受蓝壁虱困扰，曾经有一个牧场一年内死了六百头牛。蓝壁虱对砷溶液产生抗药性已有些年头了。之后尝试使用六氯化苯，短期内似乎效果不错。1949 年初，人们发布报告宣布，使用新型化学品可以轻松控制抗砷的蓝壁虱；当年晚些时候，却不得不沮丧地宣布蓝壁虱又产生了新的抗药性。1950 年，一位作家在《皮革贸易评论》上就此情况评论道："如果人们充分准确了解此事的严重性,这类在科学界圈子里悄无声息传播、出现在海外媒体点滴报道中的新闻,足以像新型原子弹新闻一样登上头条。"

尽管昆虫抗药性主要是农业和林业界关注的问题,最严重的忧虑却来自公共健康领域。不同昆虫与多种人类疾病之间的关联存在已久。**疟蚊**可以把单细胞疟疾病原虫注入人类血液,其他一些蚊子会传播黄热病,还有一些则携带脑炎病毒。家蝇并不叮咬人,却通过接触污染人类食物,传播痢疾杆菌。在世界很多地方,家蝇还会传播眼病。疾病及其病媒昆虫有一个长长的清单,包括伤寒和体虱、瘟疫与大鼠跳蚤、非洲昏睡病和采采蝇、各种发烧症和蜱虫等等,数不胜数。

这些都是重要问题,必须尽快解决,任何有责任感的人都不会对虫媒病视若无睹。现在我们面临的迫切问题是:解决问题的方法正在加剧恶化问题,这么做是否明智?是否负责任?我们经常听到通过控制病媒昆虫成功克服疾病的大好消息,却很少听到故事失败的一面,这些短暂的胜利有力地证明了一个令人惊惧的观点:在人类的努力之下,害虫正变得越来越强大。更糟糕的是,我们可能已经破坏了自身抵御疾病的手段。

受世界卫生组织之托,加拿大杰出昆虫学家 A. W. A. 布朗博士对昆虫抗药性问题进行了全面调查。布朗博士在 1958 年出版的专著中说:"在公共卫生项目中引入强效合成杀虫剂仅仅过了十年,曾经得到成功控制的昆虫就已产生了抗药性,这是目前主要的技术难题。"这部专著出版时,世界卫生组织警告说:"如果不能迅速解决这一新问题,我们目前全力对抗疟疾、伤寒和瘟疫等节肢动物传播疾病的工作将严重停滞甚至倒退。"

倒退程度如何呢?现在,几乎所有具有医学意义的昆虫都有了抗药性。除黑蝇、沙蝇、采采蝇外,全球范围内的家蝇和体虱都已出现抗药性。疟蚊的抗药性对疟疾防治项目造成威胁。瘟疫的主要传播媒介东方鼠蚤,最近表现出对 DDT 的抗药性,这是最糟糕的情况。遍布各大洲和大多数岛国的很多国家都在报告大量其他物种出现了抗药性。

医疗上首次使用现代杀虫剂可能是在 1943 年的意大利。当时,盟军政府给大量人口喷洒 DDT 粉剂,成功阻止了伤寒蔓延。两年后,人们大规模使用滞留喷洒①控制疟蚊。仅仅过了一年,问题就出现了。库蚊属的蚊子和家蝇都开始对药雾产生抗药性。1948 年,人们用新型化学药品氯丹替代 DDT。这次,有效控制持续了两年。1950 年 8 月,抗氯丹的苍蝇出现了,当年年底,所有家蝇和库蚊似乎都对氯丹产生了抗药性。抗药性产生的速度与新型化学药品投入使用的速度一样快。1951 年底,DDT、甲氧氯、氯丹、七氯和六氯化苯已加入了失效化学药品清单。与此同时,苍蝇变得"疯狂泛滥"。

20 世纪 40 年代后期,相同的恶性循环在撒丁岛上演。1944年,丹麦首次使用含 DDT 的产品,1947 年,很多地方的苍蝇防治宣告失败。待到 1948 年,埃及某村庄的苍蝇已经对 DDT 产生抗药性,改用六氯化苯之后,效果持续了不到一年。埃及某村庄最为典型。1950 年,杀虫剂很好地遏制了苍蝇,同年该村婴儿死亡率降低了近 50%。次年,苍蝇对 DDT 和氯丹都产生了抗药性,苍蝇数量恢复到原来的水平,婴儿死亡率也同样反弹。

1948 年,美国田纳西河谷的苍蝇普遍对 DDT 产生了抗药性。其他地区也紧随其后。人们尝试用狄氏剂来重新控制,但收效甚微。有些地区,不到两个月苍蝇就产生了强抗药性。所有可用的氯化烃类化合物都尝试之后,防控机构转而使用有机磷酸类化合物,但上演了同样的抗药性发展故事。专家目前的结论是:"家蝇

---

①　译注:指会作用较长时间的药物喷洒,非滞留喷洒则生效时间较短。

防控已经超越杀虫剂的技能,必须重新依靠全面的卫生措施。"

DDT 在那不勒斯成功灭杀体虱,是最早也是最广为人知的一项防治成就。随后 1945 年至 1946 年的冬天,DDT 在日本和韩国成功控制影响约 200 万人的体虱,其效果堪比意大利取得的成功。1948 年,DDT 未能控制住伤寒在西班牙的蔓延,一定程度上预示了 DDT 未来的困境。尽管实际应用中已经出现失败,但由于实验室结果相当令人鼓舞,让昆虫学家坚信虱子不太可能产生抗药性。1950 年至 1951 年冬天,韩国发生的事情相当令人震惊。一群韩国士兵使用 DDT 药粉后,身上虱子反而更加猖獗。采集虱子样本进行测试后发现,5% 浓度的 DDT 粉末并没有提高虱子的自然死亡率。对东京板桥区流浪汉身上,以及叙利亚、约旦、埃及东部难民营收集来的虱子进行测试,结果证实 DDT 对防控虱子和伤寒已经失效。到 1957 年,虱子产生 DDT 抗药性的国家扩大到伊朗、土耳其、埃塞俄比亚、西非、南非、秘鲁、智利、法国、南斯拉夫、阿富汗、乌干达、墨西哥和坦噶尼喀。当年 DDT 在意大利的辉煌战绩,至此已经黯淡无光。

最早对 DDT 产生抗药性的疟蚊是希腊的**萨氏按蚊**。1946 年开始的 DDT 大规模喷洒,早期收效显著;然而,到 1949 年,观察人员发现,喷过药的房屋和马厩中已经没有萨氏按蚊,但公路桥梁下栖息着大量成蚊。不久,成蚊的户外栖息地拓展到地窖、外屋、排水管以及橘树的树叶树干中。显然,成蚊已经产生足够的 DDT 抗药性,能够逃离喷药的建筑物,在户外栖息和恢复。几个月后,成蚊甚至能停留在屋里喷过药的墙壁上。

这是目前严峻境况的前兆。正是以消除疟疾为目标的家庭室内喷药项目,导致疟蚊属蚊子对杀虫剂的抗药性急速上升。1956年,仅有五种蚊子表现出抗药性;到 1960 年初,这个数字从五种上升到二十八种!其中包括西非、中东、中美洲、印度尼西亚和东欧地区非常危险的几种疟疾病媒。

其他种类的蚊子，包括传播其他疾病的蚊子，正在重复这一模式。在世界许多地方，一种携带象皮病寄生虫的热带蚊子出现了强抗药性。在美国一些地区，西方马脑炎的病媒蚊子也已经产生抗药性。更为严重的问题与传播黄热病的病媒蚊子有关。几个世纪以来，黄热病一直是世界上最严重的一种瘟疫，东南亚地区的这种蚊子已经出现抗药性。现在，此情况在加勒比地区很常见。

世界多地的报道显示，抗药性给疟疾和其他疾病防治带来严重影响。1954年，因为病媒蚊子出现抗药性，导致防控失败，特立尼达因此爆发黄热病。印度尼西亚和伊朗也爆发了一次疟疾。在希腊、尼日利亚和利比里亚，蚊子仍然继续携带和传播疟原虫。格鲁吉亚通过防控苍蝇减少了腹泻病，但不到一年即告失效。埃及通过短期苍蝇防控减少了急性结膜炎，但效果仅持续到1950年。

佛罗里达州盐沼蚊也呈现出抗药性，对人类健康危害不大，但造成的经济损失着实令人恼火。盐沼蚊并不传播疾病，但嗜血的蚊群令佛罗里达州大部分沿海地区无法居住。控制是艰难、短暂的，很快就失效了。

不少地区的普通家蚊也出现抗药性，应该提醒许多定期大规模喷药的社区停止喷药了。目前，在意大利、以色列、日本、法国和美国部分地区（加利福尼亚州、俄亥俄州、新泽西州和马萨诸塞州），家蚊对多种杀虫剂（包括最普遍的DDT）都产生了抗药性。

蜱虫是另一个问题。传播斑点热的木蜱最近产生了抗药性，而整个褐色犬蜱物种已经形成全面、彻底的抗药能力，这对人和狗都是问题。褐色犬蜱是一种亚热带物种，它在新泽西这么靠北的地区是无法在户外生存的，必须窝在有供暖的室内过冬。1959年夏天，美国自然历史博物馆约翰·C.帕里斯特报告说，他的部门不断接到来自中央公园西面邻近公寓的电话。帕尔斯特先生说：

"不时有整栋公寓楼出现大量蜚蠊幼虫,很难清除。狗在中央公园感染上蜚蠊,之后蜚蠊在公寓里产卵、孵化。这些蜚蠊似乎对DDT、氯丹和现代大多数杀虫剂都有免疫力。过去纽约市很少见到蜚蠊,但现在蜚蠊到处都是,长岛、韦斯特切斯特甚至康涅狄格州都已出现。这种情况在过去五六年特别突出。"

北美大部分地区的德国小蠊对氯丹产生了抗药性,氯丹曾经是最佳灭虫武器,现在人们改用有机磷化合物。然而,最近发现德国小蠊对有机磷化合物也产生了抗药性,人们不知道接下来如何是好。

随着抗药性的发展,虫媒传染病研究机构现在只能不断更换杀虫剂。即便化学家在发明新药品方面极具创造力,此法也无法持续。布朗博士指出,我们走的是一条"单行道",无人知道能走多远。如果在遏制病媒昆虫之前陷入绝境,人类处境就非常危险了。

危害农作物的昆虫,同样有抗药性问题。

早期对无机化学药品产生抗药性的有十几种农业昆虫,现在又有许多昆虫对DDT、BHC、林丹、毒杀芬、狄氏剂、艾氏剂以及人们寄予厚望的有机磷农药都产生了抗药性。1960年,产生抗药性的农作物害虫已经达到六十五种。

1951年,美国投入使用DDT约六年后,出现了第一批对DDT产生抗药性的农业昆虫。苹果卷叶蛾的情况可能最为棘手,世界上几乎所有苹果种植区的卷叶蛾都出现了DDT抗药性。卷心菜昆虫的抗药性是另一个严重问题。美国许多地区的马铃薯害虫都不受化学药物的控制。六种棉花害虫、蓟马、果蛾、叶蝉、毛虫、螨虫、蚜虫、金针虫和许多其他昆虫,现在都对农民的药物喷洒毫无反应。

化学工业或许不肯直面抗药性这一令人烦恼的事实,这点可以理解。1959年，即使已有一百余种主要昆虫出现明确的抗药性，农业化学领域的一份重要期刊却还在探讨昆虫抗药性"是真实还是臆想"。然而，即便化学工业界对此置之不理，问题并没有消失，而且还造成了经济损失。其中一项损失是化学防治昆虫的成本持续增长。事先储备大量化学药品的做法已经不切实际，今天可能是最有效的杀虫剂，明天可能就完全不起作用。用来支持和推广杀虫剂的巨额资金投入可能会打水漂，昆虫的抗药性一再证明，暴力绝非应对自然的有效手段。不管杀虫剂新用途和新使用方法的研发速度有多快，昆虫很可能总是领先一步。

即便是达尔文本人，恐怕也找不到比抗药性机制更能展示自然选择作用的例子。在原始种群中，个体在结构、行为、生理等方面差异巨大，只有"强大"的昆虫才能在化学攻击中存活。喷药杀死了弱者，只有先天具备内在抗害能力的昆虫才能幸存。它们的下一代只需要通过简单遗传，就能拥有父辈们的"强大"品质。于是，大规模喷洒高强度化学药品，导致本想解决的问题变得更为严重，这结果已经无法避免。经过若干代的演变，原本强弱混合的昆虫种群，会被一个全部具有抗药性的"强大"品种所取代。

昆虫抵抗化学药品的方法多种多样，迄今还没有被研究透彻。有人认为昆虫凭借构造优势抵抗化学药品，但似乎缺少确凿的证据。据布雷约博士的观察，有些昆虫品种确实存在免疫力。布雷约博士观察过丹麦斯普林福害虫防治研究所的苍蝇，在报告中说"苍蝇在喷洒过DDT的室内嬉戏，宛若远古的巫师在火红的炭块上跳舞"。

世界上其他地方也有类似报道。在马来亚半岛的吉隆坡，蚊子最初对DDT的反应是逃离喷药的室内。但随着抗药性的发展，手电筒光可以照见蚊子停歇在DDT沉积物上。中国台湾南部的一个军营中,抗药性臭虫样本的身上粘有 DDT 粉末的沉积物。在一次实验中,把这些臭虫放到浸满 DDT 的布里,结果它们存活了一个月,其间照常产卵,孵出的臭虫照常发育和繁衍。

不过,抗药性并不一定取决于身体构造。对 DDT 有抗药性的苍蝇拥有一种酶,可以把杀虫剂转化成毒性较小的 DDE。只有携带 DDT 抗药性遗传因子的苍蝇体内才有这种酶。而这种因子当然来自遗传。目前尚不清楚苍蝇和其他昆虫如何化解有机磷类化合物毒性。

昆虫的某些行为习性也可使它们避开化学药品。许多工人注意到,有抗药性的苍蝇更倾向于停留在没喷药的水平面上,鲜少在喷过药的墙上。有抗药性的家蝇可能习惯停留在固定的一处地方,因此大大降低了接触毒药残留的频率。某些疟蚊的习性也使其减少与 DDT 的接触,等于具备了免疫力。受到喷药刺激后,这些疟蚊会飞离房屋到室外生存。

通常情况下,抗药性的形成需要两到三年的时间,但偶尔只需一个季度,甚至更短时间。极端情况下,抗药性的形成可能需要长达六年。一年中昆虫种群繁殖后代的次数很重要,这点因物种和气候不同而异。例如,加拿大的苍蝇产生抗药性的速度比美国南部的慢,因为美国南部漫长炎热的夏季有利于苍蝇快速繁殖。

有时人们充满期待地问:"如果昆虫能对化学药品产生抗药性,人类是否也可以呢?"理论上,人类也能产生抗药性,但这需要数百年甚至数千年时间,没法给现在活着的人多少安慰。抗药性在个体身上无法发展。如果有人天生具有某种特质比其他人不易受毒害影响,就更可能生存下来并繁衍后代。因此,抗药性是一个种群历经数代才能形成的。人类种群的繁衍速度大约为每世纪三代人,而昆虫几天或几周内就繁衍一代。

布雷约博士在担任荷兰植物保护局负责人时建议说:"有时

候,明智的做法是选择较小的损失,而不是为了大获全胜却最终因失去控制力而付出长远的代价。现实的建议是'尽可能少喷药',而不是'尽全力喷药'……应该尽量减少对害虫种群的压力。"

不幸的是,美国相关农业部门还未接受这种观点。农业部1952年的《年鉴》专门谈论昆虫问题,承认昆虫产生抗药性的事实,但认为"为了充分防治昆虫,需要加大喷洒杀虫剂的频次和剂量"。农业部却没有说,如果最后剩下一种尚未使用的化学药品,不仅会杀死昆虫还能杀死地球上所有生命,后果会怎样呢?不过,这个建议发表仅七年之后,1959年的《农业与食品化学杂志》谈到了这一后果,引用了康涅狄格州一位昆虫学家的话:对至少一两种害虫来说,最后可用的新型农药已经投入使用。

布雷约博士说:

> 很明显,我们正走在一条危险的道路上。……我们必须非常积极地研究其他防控措施,必须是生物手段的,而不是化学的。我们的目标应该是尽可能谨慎地引导自然过程朝着我们期望的方向发展,而不是使用暴力……

> 我们需要更高远的目标和更深刻的洞察力,我发现许多研究人员在这方面都有所欠缺。生命是一个奇迹,超越我们的认知,即使我们不得不与之对抗,也应该心存敬畏……借助杀虫剂这样的武器来实现控制,只能证明我们无知无能,无法引导自然过程,只能诉诸粗暴手段。科学容不得任何自负,我们对自然应该满怀谦卑。

第十七章　另辟蹊径

　　眼前,我们正站在两条路的分岔口。与罗伯特·弗洛斯特的著名诗歌有别①,这两条道路并不同样美好。我们行走已久的这条路,让人误以为是舒适、平坦、可以恣意驱驰的高速大道,在终点等待我们的却是灾难。而另一条"人迹较少"的道路,是人类最后也是唯一的机会,能够到达保护地球的终点。

　　追根究底,选择哪条路需要我们自己抉择。如果在经历如此磨难之后,我们终于开始维护自己的"知情权";如果在充分了解情况之后,我们终于明白自己要承受可怕而毫无意义的风险;那么我们就应拒绝继续用有毒化合物填满世界。我们应该放眼四周,另辟蹊径。

　　昆虫化学防治的替代方法种类繁多,有些已经投入使用大获成功,有些正处于实验室测试阶段,还有一些仍存在于科学家的构想中,等待机会进行测试。所有这些都有一个共同点:属于**生物学**方法,基于对要防治的生物体机体以及所属生命系统的理解。来自昆虫学、病理学、遗传学、生理学、生物化学、生态学等生物学各分支领域的专家,正凭借他们的知识和创意灵感,努力推动形成一

----

　　①　译注:即《未选择的路》。

门新的生物防治科学。

约翰·霍普金斯大学生物学家卡尔·P.斯旺森教授说:"各门学科都好像一条河。源头常常模糊不清、不引人瞩目,水流时而平缓,时而急湍,有丰水期,也有枯水期。随着众多研究人员的努力和其他思想源流的注入,水势日渐壮大。概念和理论逐渐演化,河流因而愈发深沉、宽广。"

现代意义上的生物防治科学也是如此。在美国,生物防治科学的起源模糊,大约始于一百多年前,人们首次尝试引入自然天敌对付农业害虫。这门学科有时进展缓慢,甚至停滞不前,但在一些成功案例的刺激下,不时会出现加速发展的势头。它曾遭遇"枯水期":20世纪40年代,在新型化学杀虫剂的炫目光芒下,应用昆虫研究人员纷纷抛弃生物防治方法,踏上"化学防治跑步机"。然而,"无昆虫世界"的目标继续渐行渐远。事实最终证明,恣意滥用化学药品对人类造成的危害远比对昆虫大,生物防治科学这条河流在新思想源流的滋养下重新涌动起来,迎来了"丰水期"。

有些新方法最为迷人,试图借用物种自身的力量(利用昆虫的生命驱动力)去摧毁物种种群。其中最令人惊叹的,便是美国农业部昆虫学研究部主任爱德华·尼普林博士及其同事研发的"雄性绝育"技术。

大约二十五年前,尼普林博士提出了一种独特的、令同行吃惊的昆虫防控方法。他的理论是:如果能对大量昆虫实施绝育处理并投放出去,在特定条件下绝育雄昆虫与普通野生雄昆虫竞争并胜出,经过反复投放后,昆虫只能产下无法孵化的虫卵,整个种群便会逐渐消亡。

虽然这项提议遭遇官僚的漠视和科学家的质疑,尼普林博士却从未放弃过这个设想。若要付诸实践,首先需要找到一种可行的昆虫绝育方法。1916年,昆虫学家G.A.朗纳曾报告过X射线能使烟草甲虫绝育的现象,从那时起人们已经知道,X射线理论上会造成昆虫绝育。20世纪20年代后期,赫尔曼·穆勒关于X射线引发基因突变的开创性工作,开辟了广阔的思想新领域。到20世纪中叶,众多科研人员给出报告,使用X射线或伽马射线对至少十二种昆虫进行过绝育操作。

但这些只是实验,离实际应用还有很长的路。1950年前后,尼普林博士启动一个正式项目,用昆虫绝育办法消灭南方主要的牲畜害虫螺旋蝇。螺旋蝇的雌虫会在温血动物暴露的伤口中产卵,孵化出的幼虫是寄生性的,以宿主血肉为食。成年肉用公牛受到严重侵染后,十天内会毙命,美国牲畜业由此遭受的损失每年高达4000万美元。野生动物损失情况难以估量,但一定非常严重。螺旋蝇导致得克萨斯州部分地区的鹿群数量稀少。螺旋蝇是一种热带或亚热带昆虫,分布在南美洲、中美洲、墨西哥,在美国通常仅限于西南部地区。1933年前后,螺旋蝇被意外引入佛罗里达州,该州气候助它安然过冬并大量繁衍,甚至蔓延至亚拉巴马州南部和佐治亚州。不久,东南各州畜牧业每年为此遭受了2000万美元的损失。

多年以来,得克萨斯州农业部门科学家积累了大量有关螺旋蝇的生物学知识。1954年,在佛罗里达群岛开展过初步野外试验之后,尼普林博士准备全面测试他的理论。通过与荷兰政府协商达成协议,他前往距离大陆50英里外的加勒比库拉索岛。

从1954年8月开始,佛罗里达州农业部门实验室培养的绝育螺旋蝇被送到库拉索岛,以每周每平方英里四百只的频率进行空投。实验山羊身上的螺旋蝇卵块数量几乎即刻开始减少,虫卵的繁殖力也随之下降。投放七周后,所有螺旋蝇虫卵都丧失了孵化能力。很快,不管是否有孵化力,岛上再也难觅一个卵块。库拉索岛的确灭绝了螺旋蝇。

库拉索岛实验大获成功,激发了佛罗里达州牲畜饲养者的极大兴趣,他们期待用同样办法消除螺旋蝇灾害。尽管操作困难相对较大(佛罗里达州面积为加勒比小岛的三百倍),但美国农业部和佛罗里达州于1957年联合资助了螺旋蝇消灭计划。该计划包括建造专门的"苍蝇工厂",每周生产约五千万只螺旋蝇,二十架轻型飞机按预定航线每天飞行五个到六个小时,每架飞机装载一千个纸箱,每个纸箱含有二百至四百只绝育螺旋蝇。

1957年至1958年的寒冬,佛罗里达州北部气温接近零度,螺旋蝇数量减少并集中在一个小范围内,为开展项目创造了一个意外的机遇。十七个月后,项目结束,佛罗里达州以及佐治亚州、亚拉巴马州的部分地区被投放了三十五亿只人工培育的绝育螺旋蝇。最后一次由螺旋蝇造成的动物伤口感染发生在1959年2月。之后几周,有几只成蝇被捕虫器捕获,此后再也没见螺旋蝇的踪迹。东南部的螺旋蝇就此灭绝,得益于全面的基础研究、科学家的不懈坚持和决心,彰显了科学创造力的价值。

目前,密西西比州建立了隔离屏障,阻止螺旋蝇从其扎根已深的西南地区再次侵入。西南地区彻底根除螺旋蝇的任务非常艰巨,不仅涉及的地区面积广阔,同时存在螺旋蝇从墨西哥再度侵袭的可能。然而,考虑到可能造成的巨大损失,农业部希望在得克萨斯州和西南其他受灾地区尽快推行项目,至少将螺旋蝇种群抑制在极低水平。

螺旋蝇防治项目获得的辉煌战果,引发了人们对运用同样方法来控制其他昆虫的极大兴趣。当然,该技术并非适用于所有昆虫,这主要取决于昆虫的生活习性、种群密度和对辐射的响应。

英国已开始实验,尝试用该方法防治罗德西亚的采采蝇。采采蝇危害非洲约三分之一的土地,严重威胁人类健康,导致约450

万平方英里树木繁茂的草原无法饲养牲畜。采采蝇的习性与螺旋蝇明显不同,应用辐射绝育之前,仍有技术难题需要攻克。

英国人已经对大量其他物种做了辐射敏感性测试。在夏威夷实验室和偏远的罗塔岛,美国科学家对瓜蝇、东方果蝇、地中海果蝇分别进行了实验和野外测试,取得了令人鼓舞的初步成果。针对玉米螟和甘蔗螟的试验也在进行中。具有医学意义的昆虫也可能通过绝育进行防治。一位智利科学家指出,杀虫剂没有解决智利的疟蚊问题,投放绝育雄蚊才可能最终根除疟蚊。

辐射绝育存在明显困难,因此需要寻找更简单的替代方法,这激发了人们对研发化学绝育剂的浓厚兴趣。

在佛罗里达州奥兰多的农业部门实验室,科学家们将化合物掺入合适的食料中,对家蝇展开实验室和野外绝育尝试。1961年,在佛罗里达群岛的某个岛屿上进行了一次测试,仅仅用了短短五周时间就几乎灭掉了岛上的苍蝇。当然,附近岛屿飞来的苍蝇又再度繁殖。但作为试点项目,该实验无疑是成功的,所以不难理解农业部门对该方法的前景激动不已。首先,如我们所知,杀虫剂完全无法控制家蝇,当务之急是寻找一种全新的防控手段。而辐射绝育的难点在于,绝育雄虫不仅需要人工培育,投放的绝育雄虫数量必须超过野生雄虫。这点在螺旋蝇身上可以做到,因为螺旋蝇实际总数并不多。对于家蝇来说,投放两倍以上的绝育雄蝇即便只是暂时性的,也必定会招致强烈反对。其次,化学绝育剂可以混合诱饵物投入苍蝇的自然环境,苍蝇摄入这种食物后会失去繁殖能力。随着时间的推移,不育苍蝇能够在数量上占据优势,最后造成整个种群的消亡。

测试化学绝育效果比测试化学剂毒杀效果难度更大。尽管可以同时进行多项测试,一种化学品的评估通常需要三十天。1958年4月到1961年12月,奥兰多实验室筛查了数百种化学品的绝育效果,虽然只选出几种有前景的化合物,农业部门似乎已相当满意。

现在,农业部门其他实验室纷纷开始测试化学药品对螯蝇、蚊子、棉铃象和各种果蝇的绝育效果。目前这些工作还处于实验阶段,但开展以来的几年间,已经获得了迅猛发展。理论上,化学绝育拥有许多吸引人的特点。尼普林博士指出,有效的昆虫化学绝育的效果"可以轻松超越那些最好的杀虫剂"。假设某种昆虫数量为一百万只,每繁殖一代,数量扩大到原来的五倍。杀虫剂可能灭掉每代的90%,三代后仍存活十二万五千万只。相比之下,化学绝育剂能造成90%的昆虫不育,三代后只能存活一百二十五只。

当然,硬币有其另一面,其中有些绝育剂是烈性化学物质。幸运的是,至少从研究伊始,大多数科研人员似乎都具有需要寻找安全化学药品和安全使用方式的意识。尽管如此,不时仍有人建议,从空中喷洒化学绝育剂,比如洒向舞毒蛾幼虫啃食的叶子。如果事先没有对相关危害进行全面深入的研究,任何此类操作的尝试都是极不负责任的。如果不时刻将化学绝育剂的潜在危害牢记在心,我们很容易陷入比杀虫剂更严重的困境。

目前测试的绝育剂通常分为两类,两者的作用方式皆非常有趣。第一类与细胞的生命过程或新陈代谢密切相关。它们跟细胞或组织所需的物质如此相像,以致生物体"误认为"它们是真正的代谢物,试图纳入正常发育过程。但这个嵌入体在某些细节上是错的,导致发育过程终止。这种化学物质被称为抗代谢药。

第二类化合物作用于染色体,可能通过影响基因的化学物质,导致染色体分解。这类化学绝育剂是反应性极强的烷化剂,能够严重破坏细胞,导致染色体受损和突变。伦敦切斯特·比蒂研究所的彼得·亚历山大博士认为:"任何能导致昆虫绝育的烷化剂,都是强效诱变剂和致癌物。"亚历山大博士觉得,任何将此类化学药品用于昆虫防治的尝试都会"招致最强烈的反对"。因此,我们希望,目前的实验不是为了直接使用这类特别的化学物质,而是发现对目标昆虫既安全且针对性强的其他化学物质。

当前研究中最值得关注的方面,是根据昆虫自身生命过程,研究对付它们的武器。昆虫会分泌各种毒液、引诱剂和驱避剂。这些分泌物的化学性质是什么?可否用作强选择性杀虫剂?康奈尔大学和各地的科学家正在研究许多昆虫应对掠食者攻击的防御机制,分析昆虫分泌物的化学结构,试图解答其中一些问题。还有一些科学家正致力于研究号称"保幼激素"的强效物质,可以阻止幼虫在发育到适当生长阶段时发生异变。

在探索昆虫分泌物中,引诱剂的研发也许是最直接有用的。这里,大自然又一次为我们指明了方向。舞毒蛾是一个特别有意思的例子。雌蛾身体笨重,无法飞翔,只能在地面或近地面生活,在低矮植被间穿行或树干上爬行。雄蛾则相反,飞行能力很强,受雌蛾特殊腺体释放的气味吸引,可从很远的地方飞来。多年来,昆虫学家一直利用这个特征,千辛万苦从雌蛾体内提取这种性诱剂。随后,将提取的性诱剂投放在舞毒蛾分布地带边缘引诱雄蛾,以便于统计种群数量。但这项操作成本高昂。尽管大家都知道东北部各州遭受舞毒蛾侵害,但数量仍不足以提取引诱剂,以致不得不从欧洲进口手工收集的雌蛾蛹,有时一个只雌蛾蛹价格高达 0.5 美元。农业部化学家经过多年努力,最近成功分离出引诱剂,这是一个巨大的突破。随后,又从蓖麻油中成功地提取成分制成一种非常相似的合成物质。这种物质不仅可以引诱雄蛾,而且具有与天然雌蛾分泌物完全一样的引诱效果。只要在捕虫器中放入一微克剂量,就能产生有效的引诱效果。

所有这些研究的价值远超学术意义,因为成本低廉的新型"舞毒蛾引诱剂"不仅可用于昆虫数量统计,还能用于昆虫防治。现在,人们正在测试引诱剂的几种更具吸引力的可能性。在一个可称为心理战的测试中,人们将引诱剂掺入颗粒状材料,由飞机投放到野外。这样做是为了迷惑雄蛾并干扰其正常行为,它们受有吸引力的气味干扰,无法识别真正的雌蛾气味,因而找不到雌蛾。在引诱雄蛾与假雌蛾交配的实验中,这种方法得以进一步发展。在实验室中,只要适当浸渍了引诱剂,不管是木屑、蛭石还是其他无生命小物体,雄蛾都会试图与之交配。改变雄蛾的交配本能,引向无繁殖,这是否有助于减少种群数量,仍有待检验,不过这是一种有趣的可能性。

舞毒蛾引诱剂是第一种人工合成的昆虫性引诱剂,也许很快便会出现其他引诱剂。人们正在研究大量农业昆虫,仿制同效引诱剂。针对小麦黑森瘿蚊和烟草天蛾的研究已获得了令人鼓舞的成果。

人们正在尝试把引诱剂跟毒药结合起来,用于防治多种昆虫。政府部门的科学家研发出一种名为甲基丁香酚的引诱剂,雄性东方果蝇和雄性瓜蝇对这种药剂毫无抵抗力。在日本以南450英里的博宁群岛,曾把这种引诱剂与毒药混合进行试验,将浸满两种化学物质的小块纤维板空投到整个岛链,诱杀雄性果蝇。这项"消灭雄蝇"计划始于1960年,一年后,按农业部估计,超过99%的果蝇被消灭了。看来,这种方法相比传统大规模喷洒杀虫剂具有明显优势。使用的毒药是一种有机磷化学物,仅附在纤维方板上,不会被野生动物吃掉。此外,有机磷残留物能很快挥发,不会对土壤或水源造成污染。

并非所有昆虫都是通过相互吸引或排斥的气味进行交流,声音也可以起到警告或吸引作用。某些飞蛾可以听到蝙蝠飞行中发出的连续超声波（像雷达系统一样在黑暗中导航），从而避免被捕获；锯蜂幼虫听到寄生蝇振翅飞近的声音时，会聚集自保；有些钻蛀类害虫发出的声音可使寄生虫找到它们；对雄蚊来说，雌蚊振翅声是一种引诱的歌声。

我们能利用昆虫对声音的探测和响应能力做些什么呢？虽然目前尚处于实验阶段，但非常有趣的是，经过反复播放雌蚊振翅声吸引雄蚊的试验已初步成功，被诱骗雄蚊飞到充电网上被电死了。加拿大正在测试超声波对玉米螟和糖蛾的驱避效应。休伯特·弗林斯和梅布尔·弗林斯教授是夏威夷大学研究动物声音的权威学者，他们认为，只要能够正确解读和应用现有的关于昆虫声音输出和接收的大量知识，就一定能够找到通过声音影响昆虫行为的野外控制方法。声音的驱逐作用比引诱作用有更大的发展空间。两位教授研究发现，椋鸟听到同伴痛苦尖叫的录音会惊慌失措，两位教授因此发现而闻名遐迩。也许这一发现存在一个中心事实，可以应用到昆虫防治领域。对于实干的工业界来说，可能性相当大，至少有一家大型电子公司正在筹建实验室开展测试。

用声音直接灭杀昆虫也在测试中。超声波会杀死实验室水箱中所有的蚊子幼虫，但同时也会杀死其他水生生物。在其他实验中，空气中的超声波几秒内就能杀死绿头苍蝇、粉虱和黄热病蚊。所有这些实验都是迈向全新昆虫防治理念的第一步，有朝一日可通过电子科技的神奇能力而成为现实。

新型生物防治方法并非完全依靠电子科技、伽马辐射和其他人类创造发明。有些防治方法源自古代，其基本原理就是昆虫跟人类一样会生病。细菌感染可以像古代的瘟疫一样横扫昆虫种群，在病毒攻击下，大量昆虫生病死亡。早在亚里士多德时代之前，人们已了解昆虫会生病。中世纪诗歌里有桑蚕疾病的记载。

巴斯德正是通过研究桑蚕疾病，首先提出了传染病原理。

昆虫不仅受到病毒和细菌的威胁，还受到真菌、原生动物、微型蠕虫以及人类肉眼不可见的其他微生物的影响。这些微生物基本上算是人类的盟友，不仅指病原体，还包括那些分解废物、肥沃土壤、参与发酵和硝化等生物过程的微生物。我们为什么不利用它们来帮助防治昆虫呢？

19世纪的动物学家伊拉·梅契尼科夫最先想到微生物防治。在19世纪末至20世纪上半叶期间，微生物防治的理念逐渐形成。20世纪30年代后期，利用芽孢杆菌属细菌引发的乳白病遏制住了日本丽金龟，首次确证将疾病引入昆虫的生活环境可实现防治。正如本书第七章所言，这一细菌防治的典型范例在美国东部有着悠久的历史。

现在，另一种被寄予厚望的细菌是**苏云金芽孢杆菌**。1911年，德国图林根省最早发现，该细菌能使粉蛾幼虫患上致命的败血症。事实上，这种细菌的致命之处并不在于引发疾病，而在于其毒性。在细菌芽杆内，伴随芽孢会产生特殊蛋白质晶体，对某些昆虫特别是鳞翅目幼虫有剧毒。一旦食用喷涂过这种毒素的叶子，幼虫会立刻瘫痪，不再进食，进而死亡。从实用角度考虑，该病原菌一投入使用就能立刻终止昆虫进食，从而终止农作物损害，这无疑是巨大的优势。现在，美国有多家企业都在生产不同品牌的**苏云金芽孢杆菌**孢子复合物。不少国家都在做野外试验：法国和德国开展对菜粉蝶幼虫的试验，南斯拉夫对美洲白蛾开展试验，苏联对天幕毛虫做测试。巴拿马从1961年开始测试，该细菌杀虫剂可能解决香蕉种植面临的若干严重问题。根蛀虫给香蕉带来极大危害，根部被削弱的香蕉树很容易被风刮倒。狄氏剂曾是唯一有效的根蛀虫杀虫剂，却引发了一系列灾难。根蛀虫也开始产生抗药性。狄氏剂还消灭了一些重要的捕食性昆虫，导致卷叶蛾数量增多。这种卷叶蛾体形短胖，其幼虫造成香蕉表皮疤痕累累。人们有理由希望，新型微生物杀虫剂能够消灭卷叶蛾和蛀虫而不破坏自然平衡。

在美国和加拿大东部林区，细菌杀虫剂可能是对付云杉卷叶蛾和舞毒蛾等森林虫害的重要手段。1960年，美加两国开始用苏云金芽孢杆菌的商业制剂进行野外试验，取得了一些令人鼓舞的初步结果。例如，佛蒙特州的细菌防治效果堪比DDT。目前主要技术难题是找到一种作载体的溶剂，能使细菌孢子黏附在常青树针叶上。农作物不存在这个问题，粉剂做载体都有效。细菌杀虫剂已经广泛试用于各种蔬菜，特别是加利福尼亚州。

与此同时，也有些不太引人关注的工作与病毒有关。加利福尼亚州不少地方为了杀死破坏性的苜蓿毛虫，向苜蓿苗田里喷洒了一种和杀虫剂毒性不相上下的物质，这是从苜蓿毛虫尸体内提取的病毒制成的溶液，而毛虫正是感染这种极端致命的疾病而亡。五只苜蓿毛虫尸体中提取的病毒便足以喷洒一英亩苜蓿田。加拿大一些森林已然证实，一种针对松树锯蜂的病毒治虫效果显著，完全可以取代杀虫剂。

捷克斯洛伐克的科学家正在试验用原生动物防治结网毛虫和其他害虫。在美国，人们已经发现原生动物寄生虫会降低玉米螟的产卵能力。

有些人一听到微生物杀虫剂，可能就会联想到危害其他生命的细菌战场景。事实并非如此，与化学药品不同，昆虫病原体仅对目标昆虫有害，与其他生物都无害。昆虫病理学权威专家爱德华·斯坦豪斯博士强调："不管在实验室还是自然界，还没有一例昆虫病原体导致脊椎动物患上传染病的确切记录。"昆虫病原体非常奇特，只感染少数昆虫，有时仅仅对一种昆虫有效。在生物学上，它们不属于能够导致高等动物或植物被传染的生物体。斯坦豪斯博士也指出,昆虫疾病的爆发本质上只限于昆虫之间传播,既不会影响宿主植物,也不会影响以它们为食的动物。

昆虫的自然天敌众多,既有多种微生物,还有其他昆虫。伊拉斯谟·达尔文在 1800 年前后提出培养昆虫天敌进行昆虫防治的建议,他被普遍看作是最早的倡议人。也许因为这种生物控制法最早用于实践,因此被误以为是化学药品的唯一替代方法。

在美国,传统生物防治的真正开端可以追溯到 1888 年。当时,加州柑橘业面临被吹绵蚧摧毁的威胁,昆虫学家纷纷前往澳大利亚寻找昆虫的天敌,阿尔伯特·科贝尔正是这不断壮大的探索大军中最早的一员。本书第十五章提及,这项计划取得了巨大成功:随后的一个世纪里,人们搜遍自然天敌,用以控制加州海岸的"不速之客"(吹绵蚧),总计引进了大约一百种捕食性和寄生性昆虫。除科贝尔引进的澳洲瓢虫,其他引进的昆虫也非常成功。从日本引进的黄蜂完全遏制了侵害东部苹果园的昆虫。斑点苜蓿蚜虫的几种天敌不慎从中东引入,拯救了加州的苜蓿产业。寄生性和捕食性昆虫防治舞毒蛾的治虫效果良好,**臀钩土蜂**防治日本丽金龟的效果也不错。据估计,介壳虫和粉蚧的生物防治每年可为加州挽回数百万美元的损失。事实上,据加州知名昆虫学家保罗·德巴赫博士估计,加州在生物防治项目上投入四百万美元,获得了一亿美元的回报。

世界上大约四十个国家通过引进昆虫天敌,成功实现对严重害虫的生物防治。相较于农药防治,生物防治的优点显而易见:成本相对低,能永久防治,无毒物残留。但生物防治长期缺乏政府支持,在美国,只有加州有正式的生物防治项目,许多州连一位全职从事生物防治的昆虫学家都没有。也许由于支持力度不够,利用昆虫天敌进行生物防治在实施上缺乏必要的科学严谨性,不仅缺乏生物防治影响害虫种群数量的精确研究,也没有昆虫天敌准确投放量的研究,而后者常常决定防治是否成功。

捕食者和被捕食者并非孤立存在,它们都是巨大的生命网络中的一部分,需要考虑网络中的所有要素。传统生物防治办法也许对森林害虫更有效。现代农田高度人工化,与任何自然状态迥然不同。但森林不同,更接近自然环境,只要人类最大限度减少干预,仅在必要时给予些许辅助,大自然就能够自行建立起整套神奇而复杂的制衡系统,保护森林免受昆虫的过度伤害。

美国林务人员似乎只想到引入寄生性和捕食性昆虫作为生物防治。而加拿大人视野开阔,一些欧洲则走得更远,他们发展的"森林卫生"科学令人惊讶。在欧洲林务人员眼里,鸟类、蚂蚁、森林蜘蛛、土壤细菌与树木一样,都是森林的组成部分,他们会在培育新林区时考虑这些保护因素。首先是采取措施吸引鸟类。在现代集约化发展林业的时代,往日的空心树不复存在,随之消失的是啄木鸟和其他树上筑巢鸟类的栖息地。鸟巢箱可以弥补这一缺失,吸引鸟类重返森林。另有专门为猫头鹰和蝙蝠设计的鸟巢箱,方便它们在夜间接替小鸟白天的工作,继续捕食昆虫。

但这只是开始。欧洲森林最引人入胜的昆虫防治是利用森林红蚁这种进攻性强的捕食性昆虫,可惜北美地区没有这种红蚁。大约二十五年前,维尔茨堡大学的卡尔·格斯瓦尔德教授研发出一种培育红蚁、建立红蚁群落的方法。在他的指导下,德意志联邦共和国在大约九十个试验区培育了一万多个红蚁群。意大利和其他国家都采纳了格斯瓦尔德博士的方法,建立红蚁养殖场,培养红蚁群以用于森林投放。比如在亚平宁山脉,已经培育了几百个蚁群巢穴,用于保护再造林区。

德国默尔恩市的林务官员海因茨·鲁佩特肖芬博士说:"如果森林能得到鸟类和蚂蚁的共同庇护,再加上一些蝙蝠和猫头鹰,其生态平衡就会得到基本改善。"在他看来,引入单一的捕食性或寄生性昆虫,不如树木的"天然伙伴"联盟更有效。

在默尔恩森林里,人们用铁丝网保护新蚁群,免受啄木鸟破坏而数量减少。采用这种保护方式的试验区,啄木鸟数量在十年内增加了四倍,不仅没有造成蚂蚁群数量锐减,反而因啄木鸟啄食有害毛虫,取得了漂亮的效果。当地学校十岁至十四岁孩子组成青年团,承担了照管蚁群和鸟巢箱的大量工作。这种做法成本极小,却实现了森林的永久保护。

对蜘蛛的利用是鲁佩特肖芬博士研究另一个极为有趣的特点,可谓这个方向的先驱。有关蜘蛛分类及其自然历史的众多现存文献,分散零碎,完全没有论述蜘蛛作为生物防治所具有的价值。在已知的两万五千种蜘蛛中,七百六十种原生于德国(约两千种原生于美国)。二十九种蜘蛛生活在德国森林中。

对林务人员来说,蜘蛛最重要的特点是蜘蛛网的种类。圆网蛛最为重要,有些圆网蛛编织的网眼非常细密,可以捕获所有飞虫。而十字金蛛的一张大网(直径可达十六英寸)有大约十二个黏性结点。在十八个月的生命中,一只蜘蛛平均可以吃掉两千只昆虫,一片生态健康的森林每平方米含有五十只到一百五十只蜘蛛。如果蜘蛛数量过少,可以通过收集和投放蜘蛛卵囊进行补充。鲁佩特肖芬博士说:"横纹金蛛(美洲也有这类蜘蛛)的三个卵囊可以孵出一千只蜘蛛,捕获两万只飞虫。"春天孵出的小圆网蛛,纤小精致,尤为重要,他说:"它们在树梢上集体吐丝,编织成一张保护伞,保护新生嫩枝免受飞虫侵害。"随着蜘蛛蜕皮生长,蜘蛛网不断扩大。

加拿大生物学家沿着与德国相似的研究框架开始调研,由于北美森林多是天然林而非人造林,用来维持森林健康的物种也与德国有所不同。加拿大的重点放在小型哺乳动物上,它们对某些昆虫,尤其是森林地表松软土壤中的昆虫,有极佳的防治效果。其中一种昆虫是锯蜂,其雌蜂有锯形产卵器,可以切开常绿树针叶并产卵于其中。幼虫最终落到地上,在落叶松、云杉或松树的腐叶层中变成茧。但森林地表之下是一个蜂窝状的世界,充满白足鼠、田鼠和各种鼩鼱等小型哺乳动物挖掘而成的通道。这些小型穴居者中,贪吃的鼩鼱找到并吃掉的锯蜂茧最多。鼩鼱将前足搭在茧上,咬开末端进食,展现出超常的识别实茧和空茧的本领。鼩鼱胃口极大,鲜有对手。一只田鼠一天可以吃掉大约二百个茧,而有的鼩鼱一天可以吞掉八百个茧! 实验室研究显示,鼩鼱能够消灭75%—98%的锯蜂茧。

纽芬兰岛上没有原生鼩鼱,因而饱受锯蜂侵害,难怪如此渴望这些能干的小型哺乳动物。1958年,该地尝试引入最高效的锯蜂捕食天敌:假面鼩鼱。1962年,加拿大官员报告称这次尝试取得了成功。假面鼩鼱不断繁殖,并向全岛各地扩散,有些做过标记的假面鼩鼱甚至出现在投放点10英里以外的地方。

对于林务人员来说,现在已有众多可供选择的武器,能够永久维护和加强森林生态平衡。森林害虫的化学防治法,往好了说,是一个无法真正解决问题的权宜之计;往坏了说,化学防治毒死森林溪流中的鱼类,引起各种虫灾,破坏自然控制以及我们试图引入的生物。鲁佩特肖芬博士说,这些粗暴手段"导致森林生态关系彻底失衡,寄生虫灾害的发生日益频繁……我们必须终止这些非自然的操纵手段,他们正在侵入了我们最重要的、也是最后的自然生存空间"。

为了解决人类与其他生物共享地球的问题,我们提出的各种富有想象力和充满创造性的新方法存在一个永恒的主题:我们在和生命打交道,面对的是鲜活的种群,它们的作用和反作用,它们的增长和消减。只有充分考虑这些生命力量,谨慎地引导它们进入有利于人类的航道,才有希望实现人类与昆虫的和谐相处。

目前喷洒毒药的做法,完全没有考虑这些最根本的问题。喷向生命体的化学毒药,像洞穴人挥舞棍棒一样原始粗鲁。一方面,生命机体脆弱易碎;另一方面,它们却又奇迹般地坚韧不拔,能以意想不到的方式奋力反击。化学防治的实践者缺乏"高远的目标",忽视了生命机体的神奇能力,面对宏大生命力时缺乏谦卑之心。

"掌控自然"这一概念充满傲慢,是尼安德特人时代①生物学和哲学的产物,那时人们认为自然是为了服务人类而存在。应用昆虫学的概念和实践大多起源于科学的石器时代。值得警醒的是,如此原始的科学不幸与最现代、最可怕的武器联手,人类利用它们来对抗昆虫,实际上也会毁灭地球。

---

① 译注:旧石器时代的史前人类。

附录：

DDT 大事记

1873 年	首次合成 DDT 分子
1939 年	保罗·穆勒揭示 DDT 具备杀虫特性
1943—1944 年	1943 年 10 月,意大利那不勒斯爆发斑疹伤寒;到 1944 年 1 月,三周内一百三十万人接受了 DDT 治疗,流行病得到控制
1946 年	南非引入 DDT 室内滞留喷洒的应用技术,用于阻断疟疾的转播
1948 年	保罗·穆勒获得诺贝尔医学和生理学奖。当时的颁奖演讲中,已经提及苍蝇对 DDT 产生抗药性的问题
1948 年	美国禁止乳制品厂使用 DDT
1950—1970 年	在全球消除疟疾的第一场战役中,DDT 是主要工具,用于喷洒房屋室内的墙壁和天花板,还有所有动物房舍和动物
1951 年	出现昆虫对 DDT 产生抗药性的首批报道。抗药性成为消除疟疾的障碍,导致放弃消除疟疾的全球运动
1958 年	南非疟疾区域完成全覆盖的 DDT 室内滞留喷洒
1962 年	《寂静的春天》出版,引发公众对化学品(特别是 DDT)造成的环境和人体健康的广泛关注
1964 年	瑞典斯德哥尔摩大学建立了专门的实验室,分析环境中的 DDT。随后有多项研究指明多氯联苯为环境污染物
1970—1980 年	越来越多的数据显示 DDT 的环境影响,许多国家开始限制 DDT 的使用。美国于 1972 年禁止使用 DDT。出于对 DDT 安全性的担忧,很多国家禁止在农业中使用杀虫剂。但是滥用和错误使用 DDT 的情况仍然存在
1996 年	南非停止使用 DDT 控制疟疾,开始大范围引入拟除虫菊酯
2000 年	很多地方使用拟除虫菊酯控制疟疾失败,南非重新引入 DDT
2004 年	《斯德哥尔摩公约》生效,限制 DDT 的生产和使用。由于缺乏安全有效和价格合理的替代物,允许 DDT 用于消除疟疾的病媒控制

2006 年	世界卫生组织宣布支持非洲国家继续在室内使用 DDT 喷洒,以此控制疟疾传播,这与《斯德哥尔摩公约》的立场一致
2007 年	中国停止生产 DDT
迄今	DDT 位列《斯德哥尔摩公约》附件 B,是世界卫生组织推荐的仅限于病媒控制使用的一种杀虫剂,也是唯一的有机氯化物类杀虫剂。自 2010 年起,全球只有印度生产 DDT,多数出口非洲国家,同时南非使用来自印度的技术产品自己配制 DDT,出口给其他非洲国家。大多数 DDT 用于控制疟疾

译 后 记

2019 年 10 月 13 日,终于交出这份译稿的最后一章。几个月的翻译,感触良多,颇有收获。

《寂静的春天》出版于 1962 年,至今围绕作者和书本身还存在争议,主要集中于对数据和证据的选择性引用。但很少有人否认,这本书直接推动了美国立法禁用杀虫药,引发了公众对环境问题的大量关注;各种环境保护组织如雨后春笋般大量涌现,环境保护事业在世界范围内蓬勃兴起。

做一个新译本,可以做出什么新意?虽然今天公众的环保意识普遍高于过去,但科技比五十年前更发达,人类"改造"环境的手段有增无减,让环境"为我所用"的意识是不是反而更强了?我们保护环境是为了人类更好地生活,还是为了花鸟鱼虫更好地生活?这些都不是容易回答的问题。

必须承认,保护环境的非功利心态于我更多是一种理智的选择,尚未成为思考习惯。如何让下一代更早接受和认同人类只是自然界的物种之一,从而理性发展和运用科技,成长为对自然界负责任的一分子,是我接受重译《寂静的春天》这一挑战的动力。

幸运的是,目前在国内从事环境工作的好友、斯坦福大学环境政策博士张雪华,欣然加入了翻译队伍。在给我的邮件中,她曾讲道：

  2018年2月22日，正值南极洲夏末，我在中国长城科考站闲逛，地面清晰可见细细的溪流，那是冰川融化而来。科考站的老员工告诉我，20世纪80年代建站时还看不到溪流，即便是夏季，地面上也有一层薄冰。他感叹："虽然我们远离人类集居的大陆，气候变化带来的升温在这里也很显著。"体会人类活动对自然的影响有多深远，人与自然的关系有多密切，这正是《寂静的春天》想要传达的核心理念。

  在思考人与自然的关系时，我们很难摆脱"人类中心主义"的立场和角度；在谈论保护地球、保护自然时，你有没有想过地球真的需要我们保护吗？相对于已经存在四十亿年的地球，人类和人类社会存在的时间极为短暂。如果人类活动对生态系统的破坏突破其临界点，生态系统会崩溃，变得不适合人类生存繁衍，人类也许会如六千多万年前的恐龙一样消失。而地球不会毁灭，假以时日，地球上的生态系统会慢慢重建，新的物种会出现，新的生态平衡会逐渐形成。我们人类实在不应该过于自大傲慢，以为科技发展可以让人类主宰地球，为所欲为。……如卡森一般，公开将人看作是生态系统的一部分，对绝大多数人来说是一个巨大的挑战，需要突破自我认知的局限性。这是卡森和《寂静的春天》最大的价值所在。

  卡森几乎穷尽了当时所有的科学研究文献，试图清晰地展示滥用化学品对人体带来多方面的损害。在肯定作者的科学精神和卓越洞察力时，我们必须看到其中有些结论的科学依据不够充分，有些结论因所处时代和科学研究的局限性而存在偏差。……保持独立思考，坚持批判性阅读，即便广受赞誉的经典名著，也当如此。

这是我们对这本经典名著的共同认知基础。

重译此书，我们有几个目标。首先是保证文章论述部分的逻辑清楚、完整和准确；在此基础上，力求文字简单晓畅，尽量符合中文表达习惯及中学阶段以上的阅读水平；在著作内容上增加部分注释、DDT大事记等，以期帮助读者减少一些学科壁垒。

翻译此书的挑战之一是如何在保证准确性的前提下选择与原文情绪相符的中文词汇。例子之一是第二章的标题"The Obligation to Endure"。以前一些译本直译为"忍受之义务"。然而"义务"一词在中文里除了有"必须"的普遍含义，一定程度上还有法律规定范畴内的"必须"的意义，隐含着"尽义务光荣"的感觉。此章描述的却是人类对化学药品灾害逃无可逃的境况。为此我们和编辑讨论了很久，最后决定译成"无奈的承受"。

另外，本书有一些美国读者的常识被作者一笔带过，考虑到中文读者的需要，我们加了一些说明。比如第七章里农业部官员出席的国会委员会会议，实际上是法案通过之前的必要的听证会，文中农业部官员是作为证人前来表述对法案的意见。我们在译文中增加了一些文字以补全这一隐含信息。文中还有不少与地名密切相关的事例，只有表达清楚不同地点的位置关系，才能说明物种变化的因果关系。比如第九章章末的佛罗里达运河和纽约南部链状岛礁，我们均反复查看了地图以及附近地区的生态环境介绍，确认译文准确反映这些地理环境对鱼类种群的保护作用。

北大生命科学院朱小健老师百忙之中抽空阅读了第十三章，检查并校正了ATP描述中不严谨的术语用词和机理说明，比如线粒体在细胞内的位置体现了细胞的功能。同一学院的罗述金老师协助更新了生态学范畴中的最新术语表述，比如evolution在现代生物学中应该翻译为"演化"，不再用有方向性的"进化"一词，是因为现代主流观点认为即便是物种灭绝也是演化的结果之一，不再有优劣之分。在涉及学科的专业细节上得到的此类指点和帮助难以尽数。首都师范大学王波涛也多有帮助，一并致谢。

翻译此书是一个读者和作者双重角色不停转换的过程。译者开始对各种洗涤剂心存戒备，也更能理解垃圾分类的"麻烦"是必要的；当作者充满激情地描绘未受干扰的自然美景，提醒了我们已经很久没有留意过鸟语花香。这就是本书对读者的意义。在危险还未暴露时，我们在歌舞升平中想当然地觉得政府会严格监管污染，商业机构会担心他们的名声而有所自律。但前端监管属于"We don't know what we don't know（我们不知道有什么是未知的）"的范畴，执行的难度很大。真正保险的防御性措施是尽量不去干涉我们周遭的世界。

蕾切尔·卡森的个人经历也引起译者浓厚的兴趣。本书出版之前，卡森已因科普写作成名，后又罹患绝症。在施用农药蔚成潮流的时代，如果没有对周遭世界的炽热情感和强烈的责任感，很难想象她如何顶着化工产品生产厂家和媒体的压力坚持出版此书，并四处演讲大声疾呼。卡森曾因文风"感情充沛"被质疑是否足够科学客观，文中对自然美景深情的描述，用大量数据和事例揭露农药喷洒计划的盲目和无知，都体现了这一点。她也多次提到，即便是"对人类无用"的物种也有其美学价值，人类不应该随意决定其去留。卡森感性的这一面同样令我产生了极大敬意，恰恰是她跃然纸上的急迫和痛切打动了译者。希望我们的翻译能准确传达出这份富有感染力的热切。

2020年伊始，没有任何预警，大自然就给了人类狠狠一击。写这个段落的时候，译者所在的西雅图，全球科技和医疗人员最集中的地区之一，刚刚宣布全民居家隔离。在人类畅想星辰大海、火星移居似乎指日可待的时代，恐怕没有人能预料到，整个地球在病毒肆虐之下竟然没有一处绿洲。这次疫情必定会给人类社会带来巨大改变。地球是人类唯一居所，人类却只是地球上的诸多物种之一，但愿从此成为所有人的共识。

重译此书，重温经典。学识有限，错漏之处在所难免，敬请大家指正。

黎颖

2019 年 11 月于西雅图

2020 年 3 月补记

知 识 链 接

【科普常识】

一、作家介绍

蕾切尔·卡森(1907—1964),美国海洋生物学家。代表作有《寂静的春天》《环绕我们的海洋》《海洋的边缘》《海风下》。1929年毕业于宾夕法尼亚女子学院;1932年在霍普金斯大学获动物学硕士学位,先后在霍普金斯大学和马里兰大学任教,并继续在马萨诸塞州的伍德豪海洋生物实验室攻读博士学位;1932年,由于父亲去世,母亲需要她赡养,迫于经济压力放弃了博士学位的攻读,寻找兼职工作;1936年受聘于美国鱼类及野生动植物管理局,是该局第二位受聘的女性。

蕾切尔·卡森早期的作品可以称为"海洋三部曲":1941年,她的处女作《海风下》出版,该书虽颇受科学家和文学评论家的好评,但由于环保问题在当时并不引人关注,所以销量平平;1951年出版的《环绕我们的海洋》是一部关于海洋自然科学发展的专著。这部作品曾十五次被不同杂志退稿,最后在《纽约客》杂志连载。该书出版后,连续八十六周荣登《纽约时报》畅销书榜,被《读者文摘》选中,获得自然图书奖,并使卡森获得两个荣誉博士学位。

1953 年,《环绕我们的海洋》被改编为电影,并获得奥斯卡最佳纪录片奖;1955 年,《海洋的边缘》的出版再次获得成功。

1962 年,蕾切尔·卡森的最后一部作品《寂静的春天》出版,直击当时正如日中天的虫害化学防控,引起极大震动。代表各种不同利益群体的人、组织、企业、政府部门,或对作品和作者口诛笔伐,或极力声援。该书出版两年后,执笔本书时便已罹患癌症的卡森离世。

蕾切尔·卡森在 1954 年的一次面对妇女的演讲中表示:她从小酷爱文学,曾梦想当作家;但她小时候对野外生活和大自然也有浓厚的兴趣。纵观她的四部作品,大概正是对这两种爱好的执着,使得她在每部作品中都留下了科学与人文兼容的独有写作特点。

二、写作背景

《寂静的春天》写于二战结束的十余年后,当时的公共政策中还没有"环境"的款项,"环保"这样的词条几乎不会出现在公众的视线内;现代人类中心主义膨胀了人们征服自然、自然中的一切要服务于人类的狂妄态度;加之第三次工业革命在这一时期涌现了大量的技术创新……这些都成了以 DDT 为首要代表的人工合成化合物出现并普及的背景。

这本书的起源是卡森收到的一封友人来信,信中提及某地区环境恶化的情况。这也是她一直在关注的问题,于是她下定了写作的决心。卡森借助大量的科学文献、各行业专家分享的资料以及她个人的观察,支撑起了这本书的基本框架。随后,曾经连载过卡森的《环绕我们的海洋》的《纽约客》杂志,又一次连载了她的新作《寂静的春天》。尽管《纽约客》有着很大的读者群,但是影响力依然有限。三个月后,霍顿·米夫林出版公司和著名的读书俱乐部"每月读书会"联合出版、发行了图书《寂静的春天》,对该书的推广与扩大影响起到关键作用。《寂静的春天》就此成为一部里程碑式的著作,据称影响力堪比《汤姆叔叔的小屋》。

三、作品评价

《寂静的春天》有着条分缕析的完美阐释,写作非常优异。作者对相关问题的事实做了详尽的研究。

……

《寂静的春天》的故事,蕾切尔·卡森讲得非常好,虽然故事只呈现了一个非常复杂的难题的一个方面,但如果能够激发对害虫控制更好方法的研究,如果能够鼓励所有与农药生产、控制和使用有关的方面在公共利益保护中更为谨慎,那么这本书将起到有益的作用。

——美国生物学家 I. L. 鲍德温:《化学品和害虫》,《科学》,1962 年 9 月第 3535 期(张雪华 译)

作为一个民选官员为《寂静的春天》撰写前言,我心怀谦卑,因为蕾切尔·卡森这部里程碑式的著作以不容置喙的证据显示,一个想法的力量远远大于政治家的力量。当《寂静的春天》于 1962 年首次出版时,"环境"甚至都还不是公共政策词汇的一个词条……《寂静的春天》宛如旷野里一声呐喊,它以深刻的感触、全面的研究和在论据论点上的精彩书写改变了历史进程。没有这本书,环保运动可能会推迟很长时间,或者根本不会发展起来。

……

《寂静的春天》对我个人的影响深刻。这是我们在家里被母亲坚持要求阅读的书籍之一,读完后围绕着餐桌讨论。每本被拿到餐桌上讨论的书籍我和姐姐都不喜欢,但是我们围绕《寂静的春天》展开的交谈是一份愉快而生动的回忆。事实上,蕾切尔·卡森是引发我如此关注环境并深深涉足环境问题的原因之一……在我的办公室墙上，卡森的照片挂在政治领导人——总统和总理们的照片中间。她的照片已经挂在那里很多年了，它属于那里。卡森对我的影响比墙上其他任何一个人都大，也许超过他们的总和。

　　……

　　蕾切尔·卡森的影响力超越了《寂静的春天》里所呈现的她具体关注的范围。她将我们带回到一个基本思想，一个在现代文明中丧失到惊人程度的概念：人类与自然环境的相互联系。这本书犹如一束光，首次阐明了我们这个时代最重要的问题。

——美国前副总统阿尔·戈尔：《〈寂静的春天〉序言》，霍顿·米夫林出版公司，1994年（张雪华译）

　　《寂静的春天》改变了美国和国际的政策，助力环保运动的兴起。书中描写了卡森所感受到的人类面临二选一的那一刻：一条路通往灾难，另一条路通往理性。

　　……

　　《寂静的春天》证明了我们可以选择理性的道路。2007年，美国国鸟白头海雕脱离美国濒危物种名单；2008年以来，它已处于世界自然保护联盟红色名录的"低危"保护级别。白头海雕的恢复一部分要归功于杀虫剂使用的减少。这种成功提醒我们，个人和集体决心的力量——春天本该出现的声音，就应当一直鸣响。

——美国进化生物学家罗伯·唐恩：《回顾〈寂静的春天〉》，《自然》，2012年5月第7400期

【要点提示】

一、人类中心主义

人类中心主义是一切事物以人类为中心的学说。古希腊哲学家普罗塔哥拉的著名命题"人是万物的尺度",将人当作观察事物的中心,表达了最早的人类中心主义思想,含有主观唯心主义的成分。人类中心主义的发展主要有古典期和现代期两个阶段。古典期的人们认为人类是上帝造出来的,具有灵魂;而其他生物是没有灵魂的。到了现代期,既有美国植物学家 W. H. 墨迪坚持的人类评价自身的利益高于其他非人类的观点,也有美国哲学家 B. G. 诺顿指出的强化的人类中心主义(自然事物是满足人的一切需要的工具)与弱化的人类中心主义(承认自然具有人类需要的价值,且具有转换价值)。《寂静的春天》的创作、出版时间,即处于人类中心主义的现代期。

二、《寂静的春天》出版之后

《寂静的春天》出版后引起轩然大波,作者本人也承受了巨大的压力与攻击。相关化学工业界与政府部门对她的论点、论据甚至其专业与个人经历提出质疑、反对乃至污蔑。为了保护个体利益,杀虫剂生产贸易组织全国农业化学品联合会(NACA),斥巨资对外宣称卡森的观点是错误的。但各界也有很多人能够正视卡森所提出的问题。1963 年,卡森被邀请参加美国总统听证会并作证,美国政府也表示认同《寂静的春天》的观点。卡森的呼吁最终影响了美国国家环境保护局的建立。2000 年第 12 期的《时代》杂志将卡森评选为"20 世纪最有影响的 100 个人物"之一。

【学习思考】

一、《寂静的春天》出版距今已有半个多世纪,里面提及很多环境保护的问题。观察我们周边的环境,通过新闻了解现在世界上其他国家的环境问题。通过比较,分析一下书中所提的问题,有哪些已经解决,哪些尚待解决,近年又有哪些新出现的环境问题。

二、作者在书中提及新型的虫害防控方法,即基因防控。科学界对基因的探索在今天仍然是一个热点问题,甚至还诞生了基因编辑这样的工程技术。2018 年末世界上首例转基因婴儿诞生,人们对这一事件的评价褒贬不一。利用你所学的知识及网络搜索的信息,独立自主地思考如何评判类似的打破自然原有规则的新技术。

三、《寂静的春天》虽是一本学术著作,行文却通俗易懂且人文情怀饱满。在蕾切尔·卡森的其他学术著作中也有类似的诗化的、优美的表达方式。试比较她这本学术著作与其他不同类型的学术著作有何异同,在阅读感受方面有何差异。

四、本书开篇,有济慈和 E. M. 怀特的两段引言。通读全书,试着思考一下:这两段引言应如何解读,与书中的内容有什么联系?